北京通信电信博物馆

Beijing Communication Museum

刘海波 郭丽 编著

北京日报报业集团
同心出版社

序一

汪世昌

　　翻阅历史画卷，再现百年沧桑。

　　自清朝光绪九年（1883）北京开设电报局以来，北京地区的电信事业已经走过一百三十多年的历史。

　　百年历史，风云际会；兴衰更迭，荣辱交加。从落后到先进、从弱小到强大、从单一到综合。现在，电信业已成为推动国民经济发展的基础性、先导性产业，通信的技术层次、网络资源、服务水平都发生了质的飞跃，正在为社会各界提供日益丰富的产品和服务。

　　从清末设于胡同的官办电报局，到末代皇帝溥仪使用过的电话机；从迎接新中国的红色电波，到中南海电信局的建立；从传呼公用电话的开办，到每一个自然村通上电话；从无线寻呼的产生，到3G/4G移动通信的使用；从开国大典的通信保障，到奥运盛会的宽带网络；从抢救六十一个阶级弟兄，到唐山地震、汶川地震的救灾专线；从中国第一条互联网专线的诞生，到移动办公、视频通话……现代通信缩短了人与人之间的距离，深刻地改变着古老北京的面貌。今天，中国联通北京市分公司（简称北京联通）继承和延续着这条主脉。尽管在历史的长河中通信企业分分合合，几经更名重组，几多浮沉兴替，但"百年老店"的核心内涵和人文精神却延续至今。

　　目前，北京联通作为北京地区的主导电信企业，拥有与世界通信发展水平同步的电信网络。北京联通在16800多平方公里范围内，承载着为在京的国家党、政、军机关、外国驻华使馆、国内外大型企业总部机关，以及两千多万人口、数百万家庭服务的固定电话网、国际计算机互联网、移动通信网、多媒体通信网、数据通信网、综合传送网及卫星地面站、应急机动通信的运营。在全国的通信网中，也有着举足轻重的地位和作用，为国家的经济建设、外交事业、科技发展、国防安全、公益事业、人民生活等方面做出了突出贡献。

　　一个企业、一个行业，走过百年历程，凭借的不仅是技术与实力，更需要文化的传承。我们的通信企业经历了百年风雨，积淀了厚重文化。百余年的发展历程，折射出近现代中国的命运。每一次电信大发展、大变革都带来了社会的巨大变化与文明的进步，改变了人们的工作与生活方式。隶属于北京联通的北京通信电信博物馆始建于1994年，迄今也走过了二十载春秋。在博物馆中，一百多年的通信历史熔铸着通信人的声音和神貌，每一件展品，虽然不会吟诗舞墨，却可以说古道今。历史与现实，艰难与豪迈，沧桑与生机，倾注了几代通信人的青春与热血，闪耀着通信人抹不去的辉煌，散发着北京通信行业独特的文化魅力。我们应该感谢博物馆的创建者和守护者，正是这些人为通信业保留下一份可以触摸到的历史。

作为"纸上博物馆"系列丛书之一，本书虽然篇幅不长，但内容却很扎实。作者立足北京，放眼全国，甚至是囊括整个人类的通信史，既带着远古通信的尘埃，又有对未来通信的憧憬。作者在通信行业工作了二十年，可以说书中每篇内容都融入了作者的感情和心血，我从字里行间读出作者对通信业的热爱和对史实繁杂精细的考订。这些富有激情的文字既有可读性，又有资料性和知识性，可谓集历史信息、文化价值、技术含量于一身，是读者了解通信历史、普及通信知识的佳作，这也是北京通信业的第一本"通史"和"家史"。

忆往昔，峥嵘岁月稠；看今朝，当惊世界殊！通信是当今世界发展最快的领域之一。在宽带上网、光纤入户、4G随身的今天，北京联通已敞开大门，欢迎社会各界朋友走近她、感受她、了解她。

让遥远的不再遥远，让亲近的更加亲近，这是通信永恒的主题。通信，正在飞速地改变着生活，改变着世界。明天的辉煌，让我们共同创造。

是为序。

（作者系中国联通北京市分公司党委书记、总经理）

序二

张凤朝

　　同心出版社编辑出版"纸上博物馆"系列丛书，《北京通信电信博物馆》当是其中的一部重头戏。

　　人是社会人，人际需交流。语言文字、电报电话、电脑互联网……随着生产力的提高，交流的深度、广度、速度、维度愈益发展，电信成为人类文明的重要载体与推手，也是文明程度的重要标志。电脑和互联网的问世成为推平世界的最重要的推土机。所引发的经济、政治、社会、文化深刻变革难以设想。《北京通信电信博物馆》就是一部北京、中国以至世界的电信发展简史和电信文物、史料的系统展陈。

　　博物馆具有文博收集、研究、展览的基本功能，又有直观、通俗、生动的优势。然而，也有受藏品、场地等因素的制约，造成管中窥豹及见物不见人等遗憾。"纸上博物馆"则成为其局限性的有益补充。"纸上博物馆"不是解说词汇编，而是实体博物馆的深化与拓展。作者本着这一意图，所编之书视野开阔，以时间为经，展陈为纬，以北京为立足点，纵览文明史，囊括五大洲，生动勾画出人类通信事业的求索和电信时代的飞跃。也反映出中国近代电信事业的艰苦追寻和新中国攀登现代电信高峰的豪迈足迹。全书资料详实，是一部"史话"，而不是戏说与演义，作者认真核实每个细节，力求叙有所据，并努力挖掘出"物"后之人，之事，之理，真实可靠地反映历史本容。作者文笔生动，把很抽象深奥的电信术语以至于现代物理等高深理论都演化成平常故事和通俗字句，使人能顺畅阅读并予领悟。

　　我是电信外行，粗读稿本，很受教益。希望企业文博工作者，不管是专职还是兼职，都多做些这样的研究和努力。

　　忝为序。

（作者系北京企业文博协会会长）

专家寄语

考证翔实，文献丰盈，笔法清新，言辞风趣，深入浅出，增添学识，亲近通信。既载入故往事物，又表述时代新知，铺陈出一副北京通信业的历史长卷，也展望了未来通信的憧憬端倪，堪誉为具有"通信宝典"价值的科普佳作。

——原北京市电信管理局总工程师（教授级高工） 尹世泰

博物馆是历史，博物馆是科学，博物馆也是文化。

读过本书中的60多个故事，好似在博物馆中巡游一遭，"快车"从古到今，穿越了电报、电话时代，驶过了排队等候的电信营业厅，也驶向生活就是通信的未来梦想。

通信史记载了技术进程，电信博物馆收藏着前辈的身影。虽然这些文字仅仅涉及博物馆中藏品的一小部分，也使读者感受到了电信人的追求和理想，感受到他们的智慧和坚守。相信这一册书讲述的通信进步使博物馆的观众得到更多的收获，并能促进更多的内容挖掘出来在博物馆内外展现。

——中国计算机史研究学者 徐祖哲

目录 contents

走，一起去北京通信电信博物馆· · · · · · · · 010

| 序厅 | **古代通信轶事** |

没纸没字也通信· 016
有字的通信像个宝· 018
"飞毛腿"与马拉松· 021
烽火传军情· 022
最早的漂流瓶· 023
飞鸽信使· 024
风筝通信· 025
鸿雁传书· 026

| 第一动线 | **迎接电信时代的黎明** |

电信时代的前奏· 030
"上帝创造了何等奇迹"· · · · · · · · · · · · · · · · 032
"沃森，我需要你"· 036
大洋彼岸传来的"S"· · · · · · · · · · · · · · · · · · · 040

第二动线 | 寻找近代电信的足迹

"行辕正午一刻" · · · · · · · · · · · · 046

电报、风水和忠孝 · · · · · · · · · · · 050

北京城响起了电报声 · · · · · · · · · 053

三张电报线路图 · · · · · · · · · · · · 058

488个字的"可研报告" · · · · · · · · 061

马厩里诞生的北京电话局 · · · · · · 067

电话进了紫禁城 · · · · · · · · · · · · 070

东局兴替 · · · · · · · · · · · · · · · · · 074

近代电报趣谈 · · · · · · · · · · · · · · 078

争抢无形的电波 · · · · · · · · · · · · 084

听到欧洲的声音 · · · · · · · · · · · · 088

日伪政权与通州电信 · · · · · · · · · 092

"华北电电"与北平电话 · · · · · · · 095

东营,远去的背影 · · · · · · · · · · · 100

疯狂的电话费 · · · · · · · · · · · · · · 104

北平上空的红色电波 · · · · · · · · · 106

探寻香山电话专用局 · · · · · · · · · 111

老号簿里寻找老北京 · · · · · · · · · 115

| 第三动线 | 追赶现代电信的步伐 |

横跨亚欧的"大神经" · · · · · · · · · · · · · · · 120

永不消逝的电波 · · · · · · · · · · · · · · · · · · 124

穿越时空的钟声 · · · · · · · · · · · · · · · · · · 129

开启长途电话自动计费的先河 · · · · · · · · · 134

国家的神经网 · 137

为了六十一个阶级弟兄 · · · · · · · · · · · · · · 142

南局沧桑 · 144

山头精神 · 148

电信徽志谈故 · 157

楼上楼下，电灯电话 · · · · · · · · · · · · · · · 161

电话初装费始末 · · · · · · · · · · · · · · · · · · 168

从"三世同堂"、"八国联军"到"巨大中华" · · · 173

在希望的田野上 · · · · · · · · · · · · · · · · · · 179

公用电话，从绚烂到沉寂 · · · · · · · · · · · · 186

告别"113" · 192

别了，BP机 · 196

"大哥大"来了 · · · · · · · · · · · · · · · · · · · 203

尼克松带来卫星通信 · · · · · · · · · · · · · · · 208

代号"五〇" · 211

追踪中国第一封E-mail · · · · · · · · · · · · · 217

"中国之窗"的诞生 · · · · · · · · · · · · · 221

第四动线 | 登上通信前沿的快车 |

什么是数字通信？· · · · · · · · · · · · 228
走进现代电话局 · · · · · · · · · · · · 230
光纤到你家 · · · · · · · · · · · · · · 234
迈进互联网时代 · · · · · · · · · · · · 236
带宽与宽带 · · · · · · · · · · · · · · 240
Wi-Fi走进生活 · · · · · · · · · · · · · 242
站在4G的门槛上 · · · · · · · · · · · · 244
置身云计算，问道物联网 · · · · · · · · · 246
"火腿"一族 · · · · · · · · · · · · · · 251
捕捉"世纪幽灵" · · · · · · · · · · · · 255
宇宙漂流瓶 · · · · · · · · · · · · · · 261
向外星人问好 · · · · · · · · · · · · · 264

参考文献 · · · · · · · · · · · · · · · 269
后记 · · · · · · · · · · · · · · · · · 272

走， 一起去北京通信电信博物馆

"喔——喔——"，一个周末的早晨，你伸伸懒腰，从梦中醒来。此时，智能感应枕头向你报告："主人，你昨夜深度睡眠为7个小时零23分钟，现在，你的身体轻微缺水，记得早餐要增加一杯温水。"你满意地点下枕头上的确认键。这时，模块化智能烹饪系统已经按照你昨日预约的时间准备早点啦！此外，它还会马上为你准备好一杯45℃的温水。

你带上智能眼镜起身走到窗台前，伸出双手，分别向左右两侧轻轻一划，装有3D手势识别系统的窗帘立刻向左右两侧拉开。和暖的阳光洒在你的身上，你抬头仰望蓝天，智能眼镜上立刻显示出室外温度和天气情况指数图标，并向你报告下午会有短时阵雨，外出需要带上伞。你快速眨了两下眼睛，向智能眼镜表示"收到"。

之后，你来到"懒人衣柜"前，它的门已经向你敞开。根据刚才智能眼镜提供的天气数据，"懒人衣柜"向你推荐了多套适合的衣物，还为你搭配好了服装的款式和色彩。嘿嘿，任选一套你就可以自信地出门了！你选定了一套暖色系的衣服，因为今天是个特别的日子，你要去探望爸妈。哦，对了，"懒人衣柜"最近总是提示你在线升级，升级后该衣橱可集洗衣机、烘干箱的功能于一身，不但能够放置衣物，也能同时去除衣服上的污渍和气味，可帮你实现永远不用洗衣服的"懒人梦想"。有了这样的"懒人衣柜"，你更可以常回家看看了！

你坐在餐厅正吃着热腾腾的早点，突然收到了远在洛杉矶的妻子的影像："嗨！老公，早上好！我这边是下午，我正在著名的好莱坞影城，带你去逛逛吧！"她边走边拍，你的智能眼镜上同步直播着好莱坞影城的多彩景象。妻子带你来到《变形金刚9》的主题乐园，她坐上高速小火车，穿越变形金刚基地。刹那间，霸天虎猛地翻着跟斗从天而降，挥着重拳向你的头顶袭来。"啊！"你惊叫一声，下意识地向后一仰，扔掉了手中的筷子。"哈哈哈哈哈哈"，你看到智能眼镜中的妻子笑得前仰后合，这下自己才回过神儿来，原来刚才那是她向你直播的变形金刚多媒体虚拟影像。

你定定神道："老婆，今天我去看爸妈。""好的，老公。天气逐渐热了，为咱爸妈买两顶遮阳帽吧！""没问题，交给我吧！"和妻子挥别后，你打开智能手机，为父母在网上选购起遮阳帽来。选了两款心仪的遮阳帽后，你与爸妈通了视频电话："爸，妈，我今天去看望你们！我给你们选了两顶遮阳帽，你们看看如何。""孩子，别买了，万一样式和尺寸不合适怎么办？"你立刻点开网上商城的360°全息试衣系统，上传了爸妈的图像，几秒钟后系统生成了爸妈戴上遮阳帽后的3D动态影像。你立刻按下手机屏幕上的"分享"键："爸，妈，你们快看看！""哦，不错！看上去挺合适的。"爸妈心满意足地回答，"今天我们等你来，给你烙韭菜馅饼！""太好了！爸，妈，你们下午就可以收到帽子啦！"挂掉视频电话，你对着手机说："确认支付！"手机瞬间完成了你的指令。

随后，你点开手机中的出租车召唤系统，输入了去往爸妈家的地址。系统立刻向你汇报：5分钟后一辆牌号为54166的红色出租车会在楼下接你。5分钟后你坐进了这辆红色出租车，看到车内的显示屏上已经根据你之前在出租车召唤系统中输入的地址绘制好了电子地图。"您好！我是本出租车的司机，很高兴为您服务！请根据电子地图确认您的目的地。""好的"，你拿出手机在出租车的屏幕前轻轻一扫，确认了信息。汽车发动了，这时出租车司机点击了"智能驾驶"按键，汽车会根据红绿灯的情况，提前控制行驶速度，尽量为你避免等候红灯的时间，保持一路畅通。出租车平稳地行驶着，你翻看车上提供的由超薄柔性屏幕制成的透明电子报纸，报纸上各个版块显示着各种音频、视频等动态形式的新闻。你的手指在报纸上轻轻一抹，随即更新了内容。"嘟嘟嘟——嘟嘟嘟"，此时，你的手机发来信号。你点开一看，原来是远程医疗监控系统向你提示父亲的血压突然升高。你立刻拨通父亲的电话："爸，刚才您的血压有所升高，您感觉如何呀？""哦，我刚才正和你岳父远程在线视频下棋，他悔棋，耍赖！我就有点着急，呵呵。现在没事啦！""哈哈，爸，那我就放心啦！下棋贵在心平气和嘛！我马上就到了，我似乎都闻到妈做的美味无敌的韭菜馅饼的味道了！"

"咳——咳——咳，哦，不不不！怎么是一股糊锅的味道？"你猛然间回过神儿来，想起来锅里正烙着葱花饼，急忙跑向灶台，"唉！原来刚才的一切只是一个未来的通信梦。"不过无需叹气！话说"今日技术源于昨日梦想"，要想尽快实现未来之梦，咱这就动身去北京通信电信博物馆，探寻昔日的通讯梦想。看来去现实版的北京通信电信博物馆之前，还得啃糊锅的葱花饼了。不过，有了刚才的梦，咽下这焦糊味儿的葱花饼也是值得的。

近了，近了，更近了……

手机的GPS导航正向你报告：你已无限地接近了此次的目的地——北京通信电信博物馆（B馆）。你踏入通信博物馆的大门，环视门厅高耸的浮雕，"遥远的不再遥远，亲近的更加亲近"：

军情如火，你接过注有"吏马驰行"字样的军事文书，头也不回地跨上红鬃驿马，策马扬鞭，飞驰而去；月黑风高，你正站在烽火台上彻夜巡视，此时传来信使急迫高喊出的一声声"报——报——"，你接到军令，亲手点燃了平时准备好的柴草，顿时火光冲天；旌旗猎猎，你伴着军队的号角声，高高举起鼓槌，奋力地擂响了战鼓。

你点头默念着："孤山几处看烽火，壮士连营候鼓鼙"，又低头看看自己已略带汗湿的手机，轻触着屏幕，关闭了刚才的GPS导航程序，继续前行……

为博物馆命名，为什么"通信"后要加"电信"，"电信"前要加"通信"？如今3G、Wi-Fi遍布的天下，又何必如此啰唆！难道——另有乾坤？

对于今天的我们，也许已模糊了这两个词的界限，但冷静一想，我们万不可忘记古人的艰辛。引入电磁技术的近、现代通信不过百年有余，然而整个通信的历史却承载了人类数千年的发展史。

自从有了人类，通信就在不断发展、变化。在人类利用电传递信息前，古人就已利用自然界的基本物质和人的感官建立了通信系统，比如门厅浮雕上展示的驿马传书、击鼓传声、烽火报警。再往远了说，在人类产生前，有没有通信呢？回答是：当然有！比如人人喊打的"小强（别名蟑螂）"——这种产生于距今3亿年的"地球原住民"，靠分泌一种"聚集信息素"的物质，呼朋唤友，群居一处。这么说来，"通信"一词不可小视。

北京通信电信博物馆A馆（黄城根馆址）

就连"小强"都本能地装备了用来通信的强大武器，更何况我们人类！（请大家原谅我使用的比较对象）不过，笔者在此郑重声明：北京通信电信博物馆只讲述人类的故事。

北京通信电信博物馆B馆（菜市口馆址）

| 序厅 | 古代通信轶事 |

　　两下无声的震动后,你拿出手机,用手指不紧不慢地在屏幕上点出"我在通信电信博物馆。:-D"回复了朋友的短信。还没等你读完"短信正在发送"这几个字,屏幕上就更换了提示:"14:20　186******** 已成功接收了信息"。你坦然地把手机放回了口袋里。俗话说:天上一日,地下一年。我们今日的电信与古代通信相比,就是一个天上,一个地下。但这样的天壤之别,就算孙大圣翻着叠加筋斗,也是够不着的。不过,话又说回来,古代通信中竟有我们意想不到的故事。

没纸没字也通信

在文字和纸张产生之前，世界上还出现过实物信、树叶信、贝壳信、结绳簿、击鼓信等形式的通信方式。关于实物信，曾经有这样的一个故事。有一天，古代波斯王收到了一封来自斯齐亚人的信。这封信不同于我们熟悉的样式，而是一个大包袱。波斯王打开包袱一看，里面竟是一只小鸟、一只田鼠、一只青蛙和五支箭。"这是什么意思呢？"波斯王疑惑不解，但琢磨了一下，不禁勃然大怒起来。你也来猜猜这封信的意思吧！原来波斯王对这封信的理解是：斯齐亚人正嘲笑他不能像小鸟一样飞上高空，不能像田鼠那样钻入地下，也不能像青蛙那样在池塘里跳跃，并表示像他这样的无能之辈，没有资格与斯齐亚人打仗，如果波斯人踏上斯齐亚人的国土半步，迎接他们的将是这死亡之箭！笔者在想，这样的实物信恐怕一百个人读了会有一百种解释，并且如果斯齐亚人不是用这几样小型动物来传递信息，而是用老鹰、豺狼、鳄鱼来形容波斯王，那这封信该是多么大的一个包袱呀！可见，以实物信这种方式传递信息有多么大的局限性。

树叶信，这个名称听上去就很浪漫。这是至今还在沿用的古老的信息传递方式。在西双版纳中国和老挝边境的热带雨林中居住着克木人，他们每逢一些重大活动时都要差人递送"树叶信"通知亲朋好友。而收信人无论路有多远或家里有什么重要的事都要暂时放下，按时赴约。中国少数民族——基诺族的男女青年在约会时，有时也用"树叶信"，他们在事先约定的地方放树叶，情侣会根据树叶的种类和片数，知道约会的时间和地点。这是多么含蓄和浪漫呀！

古代秘鲁的印第安人曾用彩色的贝壳传递消息。他们把贝壳打磨成光滑的小片，涂上不同的颜色，再用粗绳子串起来，一封贝壳信就算大功告成了。可别小看这些简单的彩色贝壳，它们能传达复杂的信息。为了能将信息准确传递，发信人必须把它们亲手交给送信人，并亲口告诉送信人此信的意思。送信人要一边走，一边背，直到送到目的地为止。这种贝壳信有个奇怪的名字叫"笺班"。不同颜色的贝壳，有着不同的含义。

结绳记事想必大家都知道，据我国古书记载："上古结绳而治"，"事大，大结其绳，事小，小结其绳，之多少，随物众寡"。

古代非洲，既没有文字，也没有便利的交通。非洲人就利用一种发声洪亮的大鼓和自编的击鼓语汇，以接力的方式传"话"。中国古代战争中，两军交战时，击鼓进军，鸣金收兵，也是用声音传递信息的典型实例。

有字的通信像个宝

在文字出现后,纸张却还没有出现。在这样的条件下世界各地的人们使用过各种古老的材料和方式传递文字信息。鱼传尺素就是其中一种。早在春秋战国时代,我们的祖先就将信件写在一种又轻又薄的丝绸上,这种信叫"尺素书"。古乐府《饮马长城窟行》中记载道:"客从远方来,遗我双鲤鱼。呼儿烹鲤鱼,中有尺素书。" 也许你要问了:鱼传尺素,难道是要把尺素书藏在活鱼的肚子里吗?原来,这种"尺素书"是把写好的信放入鱼形的木函中,故又称作"鱼书"。古时舟车劳顿,信件很容易损坏,古人便将信件放入刻成鱼形的匣子中,美观而又方便携带。

在春秋战国时代,还出现了竹简和木牍。那时的人们用刀把竹子或木头刮削成一条条平整而狭长的小薄片,用毛笔蘸了墨在上面写字。用来通信的木牍一般长一尺,又称"尺牍",通常由上下两块木板构成,写信时,要先在下方的木板上写上要说的内容,然后在其上盖上一板,并写上收信人和发信人的信息,然后用绳子把这上下两板捆扎好,之后,还有一个关键步骤,就是在绳子的打结处加上一块青泥,最后在青泥上盖上印玺称为"封泥"。这样在传递过程中就可以防止别人偷拆信件了。

1976年,在湖北省云梦县一座战国晚期秦国墓葬里,发掘出两件古代木牍家书,这是迄今为止我国发现的最早的家书实物。信是由名叫黑夫和惊的兄弟俩写的,这兄弟俩是秦国的士兵,参加了秦灭楚的战争。

第一封信是兄弟俩合写的,保存完好,第二封信是惊写的,已残缺。 信的主要内容是向家里的母亲要钱或布去做夏季的单衣，并向家里的亲友们问好。尤其弟弟惊的那封信，语气很急切，信尾用了"急急急"三个急字，证明已经不能等待了。

虽然这两封家书已经距今2200多年，但那深深的兄弟、母子之情依然感动着我们。古代的官方邮驿是不准夹带私人信件的，这两封家书只能托人辗转投送，家里的母亲收到信再做好衣服托人带回，不知会过去多少天了。把信件作为陪葬品，似乎很不可思议。我们顺理推测下去，很可能这兄弟俩在后来的战争中再也没能回来，而且再也没有音信，只有这两枚木牍家书陪伴着母亲和家人终了一生，最后作为陪葬品，永远厮守在一起。

在公元前3500年左右，生活在亚洲西部两河流域的巴比伦人和苏美尔人，曾经使用一种楔形文字刻成的泥版通信。他们利用两河流域盛产的黏土制成泥版，再用削成三角形尖头的芦苇管或骨棒在泥版上刻出楔形文字，待晾干或烤干这些泥版后派专人递送。在距今3500多年的埃布拉古城遗址中，考古学家发现了一封求援内容的泥版信。这封信是埃布拉的最后一位国王伊尔卡布·达姆写给哈马济的济济王的。信上说埃布拉遭到了敌人的侵略，危在旦夕，请济济王火速发兵救援。这为后人揭开埃布拉古城的毁灭之谜提供了新的可能。

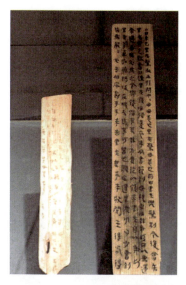

中国最早的家书

出土的秦代封泥

楔形文字泥板

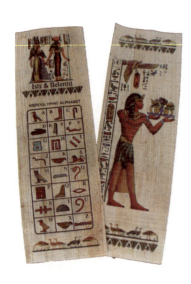

埃及草纸书签

前些日子,笔者收到一位好友从埃及带回的精美纪念品——草纸书签。这种草纸看上去不像我们现在使用的纸,它更像是一种植物的薄片,能清晰地看到植物的脉络,并呈现出植物的本色。没想到,埃及人用这种草纸通信竟有几千年的历史了。投递这样薄薄的草纸信相比泥版信而言,该有多轻便呀!

中国古代的邮驿虽然在周朝时就已建立,后来发展到很大的规模和很高的效率,但只限于为官方通信服务,从不为平民百姓传递书信。在没有民间邮政的情况下,有钱人可以雇人送信,而平民百姓就只能托人捎带了。由于交通不便,一封信快则数月,慢则半年或更长时间才能捎到,甚至中途发生意外,半途而废。尤其是遇到战争或灾荒年月,通信就更加困难,难怪杜甫在诗中咏叹"烽火连三月,家书抵万金",可见有字的信件在古人心目中真是个宝啊!

"飞毛腿"与马拉松

如今，马拉松（Marathon）已是国际上非常普及的长跑比赛项目，全程距离26英里385码，折合为42.195公里。

这个比赛项目的由来要从公元前490年9月12日发生的一场战役讲起。那年，波斯帝国的统治者大流士一世亲率十万大军，对希腊发动了侵略战争，史称希波战争。在离希腊雅典不远的马拉松镇，希腊军民在统帅米太亚德的带领下英勇反击，最终以少胜多，打败了波斯军队。这就是历史上著名的马拉松战役。为了让故乡人民尽快知道胜利的喜讯，统帅米太亚德选派了一名叫菲迪皮茨的传令兵，以最快的速度跑向雅典传送捷报。菲迪皮茨是个有名的"飞毛腿"，他不顾刚下战场的疲惫，立即奔向雅典。他一个劲地快跑，拼尽全身力气跑完了42公里多的路程，当他跑到雅典广场时，只喊了一句"我们胜利了！"就倒在地上，永远地闭上了双眼。为了纪念这位可歌可泣的"飞毛腿"英雄，在1896年举行的第一届奥林匹克运动会上，设立了马拉松赛跑这个项目，并把当年菲迪皮茨送信跑的里程作为了赛跑的距离。

图瓦卢在2010年发行的马拉松运动2500周年纪念银币

烽火传军情

阳关烽火台

谈起烽火,大家一定能想到周幽王为得爱妾褒姒一笑,用烽火戏诸侯,最后落得国破人亡的故事。

烽火是我国古代传递军事情报的一种通信方式,是国家的第一道安全屏障。烽火的燃起表示国家战事的出现,可见亡国之君周幽王是无与伦比的昏庸。烽火始于商周,沿用至明清,至今已有几千年的历史。古时,在边防要塞每隔一定距离建筑一座高出地面数米,用土石堆砌成的方形高台,称为烽火台,也叫狼烟台。烽火台上有驻军守候,戍卒们一旦发现有敌人入侵,就点燃平时堆放在烽火台上的柴草或干狼粪报信。长这么大还没见过干狼粪的笔者又要追问了:干狼粪为什么会成为古人在这么重要时刻的首选?原来,点燃烽火也是相当讲究的:敌情若发生在白天则举烟,就是将狼粪点燃,狼粪烟最大的特点是直上云霄,这样,很远的地方也能看到;敌情若发生在夜晚则举火,就是将柴草点燃,使火光冲天。这样一台燃起烽火,邻台见到后也相继点燃,逐台传递,须臾千里,以达到通报敌情的目的。

据历史记载,在汉武帝统治时期,大将军卫青、骠骑将军霍去病率领几十万大军与匈奴作战,汉武帝命令以烽火作为进军号令,仅仅一昼夜就可使河西(今甘肃)的信号传至辽东(今辽宁),长达数千里。这样的速度堪比今天的航空快递了。

最早的漂流瓶

人类除了用火光通信，也借用水的流动性通信，其中，大名鼎鼎的要数"漂流瓶"了。有书记载，最早使用漂流瓶通信的是发现美洲新大陆的航海家哥伦布。1493年哥伦布在返航途中，将一个装有信和美洲地图的漂流瓶抛入了大西洋，寄送给西班牙皇后。没想到的是，这个漂流瓶在海上漂流了359年后才被人开启。

现在，我们要改写人类使用漂流瓶通信的历史。其实，早在公元590年，隋朝名将史万岁就已经用漂流瓶传递军情了。

隋朝开皇年间（公元590年），江南发生叛乱，隋文帝命令史万岁（隋朝军事家，开国四大名将之一）以行军总管的职务跟随杨素去作战。后来，史万岁与杨素分开，自行带兵翻山越岭穿插到叛军的背后发动进攻。在之后的数百场战斗中，史万岁率兵转战于山林溪流之间，虽然多次取得了战斗胜利，但因交通的阻绝和信息的不畅，无法与杨素率领的大部队取得联系。正当杨素等人都猜测史万岁已战死沙场，悲痛万分之时，一个挑水的乡人突然来报，说他挑水时，在水中打捞到了史万岁传来的报告。杨素听了是又惊又喜，立刻接过乡人手中的报告。这份报告很是奇特，它是被装在一节竹筒里顺流漂来的。杨素感慨：好一个史万岁，竟想出如此妙计传递捷报。随即，杨素把战斗胜利的消息上报给了皇帝。隋文帝知道了之后赞叹不已，提拔史万岁为左领军将军。

飞鸽信使

生活在水泥森林中的人们，每当听到天籁般的鸽哨声，仰望天空，就能看到一群鸽子在天幕上划出优雅的弧线。如果追溯鸽子和人类伴居的历史，则已经有几千年。古人利用鸽子较强的飞翔能力和归巢能力的特性，培养出了可以准确传递信息的信鸽。在古希腊神话中，火星神就是用鸽子向美丽的金星女神传递情书的。在我国，驯养鸽子的历史也相当久远。早在唐代，信鸽传书就已经很普遍了。在《开元天宝遗事》一书中就有关于"传书鸽"的记载：张九龄（唐开元丞相，诗人）少年时，家养群鸽，每与亲知书信往来，只以书系鸽足上，依所教之处，飞往投之，九龄目为"飞奴"。时人无不爱讶。

不过，在我国历史上，信鸽主要被用于军事通信。据记载，公元1128年，南宋大将张浚视察部下曲端的军队。张浚来到曲端的军营后，竟见空荡荡的没有士兵，他非常生气，于是命令曲端把部队迅速召集到眼前视察。曲端立即向张浚呈上军队的花名册，请他点选想视察的军队。张浚指着花名册说："我要在这里看看你的第一军。"曲端领命后，胸有成竹地打开笼子放出了一只信鸽，片刻之后，第一军全体将士全副武装，火速赶到。张浚大为震惊，又说："我要看你全部的军队。"曲端又开笼放出四只信鸽，顷刻间，其余的军队也都来到了他们的面前。

风筝通信

　　风筝源于春秋时代，至今已两千余年。相传墨子以木头制成木鸟，研制三年而成；后来鲁班用竹子，改进了墨子的风筝材质；到了汉代，纸张大量应用，于是人们用竹篾做架，用纸裱糊，成了"纸鸢"；五代时人们在做纸鸢时，在上面拴上了一个竹哨，风吹竹哨，声如筝鸣，"风筝"这个词便由此而来。

　　最初，风筝的用途不是娱乐，而是用作军事侦察和传递军事情报。到了唐代以后，风筝才逐渐成为一种娱乐的玩具，并在民间流传开来。

　　军事上利用风筝的例子很多，其中《新唐书》里记载了一个有趣的故事。公元782年，唐朝的魏博节度使田悦发动叛乱，带兵包围了临洺城。唐德宗下诏让河东节度使马燧等前来救援。当援军到达后，发现田悦的军队封锁严密，就未敢轻进，而在城外山间驻扎了下来。这时，城内几近粮绝，守将张伾更是焦急万分，盼望马燧尽快解围。此刻，他想出了一个妙计，让人把求救信绑在风筝上，向马燧等援军驻扎的方向放飞。叛将田悦发现了从城内飞出的风筝，知道是用来通风报信的，就立刻命令箭术好的士兵把风筝射下来。怎奈风筝飞得太高，再多的箭也无济于事。风筝越飞越远，终于飞到了援军的上空。当风筝落地后，兵士赶忙把求救信递到马燧手中。打开一看，果不出所料，上面写着：三天后叛军就要攻占临洺城，援军若不马上解围，只怕全城的士兵都会成为叛军口中的粮食。马燧当即命令部队全力进攻，很快打退了田悦叛军。

鸿雁传书

鸿雁传书,这个典故出自《汉书·李广苏建传》所附的《苏武传》,说的是汉武帝天汉元年,汉武帝派中郎将苏武等人,拿着符节,带着厚礼,护送被汉朝扣留的匈奴使臣出使匈奴。由于匈奴内乱,苏武受到牵连,被软禁在大地窖里,不给饮食。苏武饿了吃毛毡,渴了饮雪水,没有死。匈奴人感到很惊奇,又把他送到北海(现在的贝加尔湖)一带的无人区去放羊。苏武手持符节,饥餐草籽,坚持着自己的气节,一直苦苦守候了19年。我们在影视戏剧或图画上常看到苏武牧羊的画面,看到苏武手持一杆挂着各种颜色穗子的长杆,有人以为那是牧羊的鞭子,其实那是代表汉朝使臣身份的符节,也叫汉节,正是苏武气节的象征。

汉昭帝继位后,匈奴与汉朝和好,汉朝要求放回苏武等被扣留的使臣。匈奴谎说苏武早已死了。后来汉使得知苏武并没有死,便质问单于说:"汉天子在上林苑打到一只大雁,脚上系着一封帛书,说苏武在北海。"单于大吃一惊,认为汉人确实有神相助,只好放回被扣留了19年的苏武等九人。长安的官员百姓看到,当年意气风发的壮年使臣,如今已经须发皆白,仍然紧紧抱着已经成了光杆子的符节,无不动容泪下。

这件事以后,人们就把鸿雁与书信联系起来,而且鸿雁每年都要南北迁徙,于是鸿雁也成为信使的代名词。唐代诗人杜牧在《赠猎骑》诗中写道:

凭君莫射南来雁,恐有家书寄远人。

元代诗人黄庚有诗：

　　满眼西风忆故庐，亲朋音问久相疏。
　　年年江上无情雁，只带秋来不带书。

诗人把大雁恨之为"无情雁"，原因是"只带秋来不带书"，其实诗人恨的不是大雁，而是书信的难以传递。

清代画家任伯年笔下的苏武牧羊

第一动线　迎接电信时代的黎明

今天的我们，可以坐在办公室里逛商场，在咖啡厅里买股票，独自一人抱着屏幕开大会。如此忙碌的我们甚至无暇阅读《乔布斯传》，至于那些开创电信时代的先驱们就更受冷落了。想知道他们的故事吗？那么，机会来了！

法拉第、莫尔斯、麦克斯韦、赫兹、波波夫、马可尼、贝尔……这些伟人的相片——出现在博物馆的电信墙上。他们每个人的眼睛里都充满着对未知世界探索的渴望之情，每个人都散发着做事严谨的气息。也许，你还有很多不同的看法。不过，光看照片可不够，现在，我们一起去挖掘一下发生在这些科学伟人身上的故事吧！

电信时代的前奏

1732年，电学先驱、美国科学家本杰明·富兰克林经过多次实验，首次提出了电流的概念。1752年，他进行了震惊世界的用风筝捕捉天电的实验，证明了电荷是流动的。第二年，也就是1753年，人类有了使用电传递信息的设想。那时，法国学者列蒙耶通过导线通电的实验，发现电可以沿着导线飞速传播。后来，人们进一步测得电的速度和光的速度一样——30万公里/秒，电绕地球跑一圈仅需约0.13秒。科学家们想，要是能以这样惊人的速度传递远距离的信息该有多好，于是他们纷纷投身于实验。不过，那时人们认识到的只有静电。当时有个叫摩尔孙的人设想用26条导线代表26个字母，利用静电吸附小纸片的效应，对相应导线加电，从而吸引另一端的小纸片，达到传递信息的目的。但是静电传导距离有限，而且难以控制，这个设想自然没有成功，但人们并没有放弃，类似尝试一直持续着。

富兰克林用风筝捕捉闪电（铜版画）

1800年，意大利物理学家伏打发明了伏打电堆（现代电池的雏形），使得人们能够自由控制和获得源源不断的恒稳电流。伏打电堆宣布了静电时代的终结，为人类利用电、支配电、用电传递信息打开了一扇大门。现在电压的单位"伏特"就是纪念这位科学家的。

1820年丹麦物理学家奥斯特又发现了电流的磁效应。1831年英国物理学家法拉第发现了电磁感应定律，使人类掌握了机械能和电能相互转变的方法，为电通信的实现提供了可能性，这个伟大的发现彻底改变了世界。

伏打

最早的化学电池——伏打电堆

奥斯特

法拉第

"上帝创造了何等奇迹"

人类的电信时代是以电报为开端的,这就不能不讲一讲电报之父——美国雕塑家、画家、科学爱好者莫尔斯的故事。

看到莫尔斯的头衔,你也许有些惊讶。没错,他确实是个艺术家。1791年4月27日,莫尔斯出生于美国马萨诸塞州查尔斯顿的一个牧师家庭。他青年时研究绘画和雕刻,历任过若干艺术团体的职务。后来,他到英国求学,归国后很快成为享誉世界的画家。但是,因一次偶然的机会,他放弃了铺满鲜花和掌声的艺术之路,义无反顾地投身于充满艰辛的电信研究中。

那是1832年秋天的一个傍晚,在一艘从法国开往美国纽约的"萨丽"号邮轮上,一群吃过晚饭的旅客坐在餐厅中聊天。这时,一个年轻人拿出一块缠绕着密密的绝缘铜丝的马蹄形铁块和一些铁钉、铁片展示在餐桌上。大家看着这些奇怪的东西正在诧异,这个年轻人指着马蹄形的铁块开腔道:"这叫电磁铁。"边说着边连上电池,给铜丝通电。此时,意想不到的事情发生了,铁钉、铁片一下子被马蹄形铁块吸了过去,等一断电,这些铁钉、铁块又立刻掉了下来。

这位向大家展示如此魔力现象的青年竟然是一名美国波士顿城的医生,他叫查尔斯·杰克逊。他对电学研究兴趣浓厚,便滔滔不绝地向在座各位讲起了电磁铁的功能。

"那么,电流通过导线的速度是多少呢?"这时,一个皮肤黝黑的中年男子兴致高昂地问医生。杰克逊接着说:电流的速度极快,不论电线有多长,它都可以瞬息通过。"先生们！请记住，人类快要启用一种巨大的力量啦！电磁铁魔术般的功能和电流的神速，将会使科学创造出电的奇迹，我们的生活也将随之改观。"

这位向医生发问的中年男子正是莫尔斯，那时他41岁，是绘画艺术教授，这次到欧洲旅行写生后乘船返回美国。没想到杰克逊医生的一席话改变了他的人生轨迹，此前对电学一窍不通的莫尔斯从此弃艺从理，投身电学领域，立志开创电流传递信息的伟大时代。

莫尔斯，1844年发明有线电报，并创立了莫尔斯电报码

也许当时很多人认为莫尔斯异想天开，就是在今天也会有人认为他当时是大脑出了问题。但是半路出家的莫尔斯刻苦学习，从零开始，以坚强的毅力克服了重重困难。起初，他甚至不知道绕制线圈要用带绝缘层的纱包铜线，而是用裸铜线，险些酿成火灾。他把画室改成实验室，购买电工器材和工具一次次地做科学实验。装满他的房间的不再是颜料和画笔，而是磁石、线圈和导线；画满写生本的不再是人像和风景，而是各种实验草图和科学笔记。然而三年过去了，所有实验只有一种结果，那就是"失败"。他花光了所有的积蓄，生活极为困苦，有时甚至挨饿。

莫尔斯在多次实验后，经过反复思考，设想用点、线和空白的组合代表字母与数字，在两地之间传递点、线这两种电信号，实现任何消息的通信。这个构思是电报发明史上的一次伟大创举，这就是著名的莫尔斯电码——电信编码的鼻祖。笔者在想，这也许与艺术家莫尔斯超强的观察力和发达的形象思维密不可分。拿到今天，这就叫艺术与科技的完美结合。

无论是哪个国家的文字都可以用点和线这两个长短不同的信号表示。点（·）是短信号，它叫"嘀"，线（—）是长的信号，它叫"哒"。"嘀"、

莫尔斯电键

"哒",我们一定不陌生吧!在一些影片中虽然还没出现发电报的镜头,但是我们只要听到嘀嘀哒哒的声音,就知道主人公在发电报。

有了这套编码就需要与之匹配的电报机。经过努力,莫尔斯终于在1837年研究出利用电磁铁和墨水记录点、线符号的电报机。不过,这种电报机传送信号的距离只有40尺左右。又经过无数次的实验与改良,最终研制出了可以长距离通信的电报机。

莫尔斯想在华盛顿和巴尔的摩之间架设一条长40英里的电报线路,于是他带着最新的电报机来到华盛顿,向国会申请3万美元的经费。经过一场辩论,美国国会还是没能通过议案。后来在科学界舆论的压力下,1842年,国会通过了这个议案。听到这个消息,年过半百的莫尔斯万分激动,他向自己的学生借了50美元,买了一套新衣服换上,来到了华盛顿,和他的助手盖尔主持修建世界上第一条实用的电报线路。

1844年5月24日,华盛顿国会大厦联邦最高法院议会厅里座无虚席,莫尔斯踌躇满志地向应邀前来的科学家和政府人士介绍了电报实验原理后,接好设

莫尔斯电码表

A	·—	K	—·—	U	··—	1	·————
B	—···	L	·—··	V	···—	2	··———
C	—·—·	M	——	W	·——	3	···——
D	—··	N	—·	X	—··—	4	····—
E	·	O	———	Y	—·——	5	·····
F	··—·	P	·——·	Z	——··	6	—····
G	——·	Q	——·—			7	——···
H	····	R	·—·			8	———··
I	··	S	···			9	————·
J	·———	T	—			0	—————

莫尔斯电码

备，用激动得发抖的双手，按动电键，向远在64公里之外的巴尔的摩城发送了人类历史上第一封莫尔斯电码电报。等候在巴尔的摩城的助手盖尔立即将收录的电码准确无误地译成电文："What hath God wrought！"中文翻译为"上帝创造了何等奇迹。"莫尔斯的电报实验终于成功了！

  电报的发明成为整个通信史上最重要的里程碑之一。此前，所有的通信都是由实体完成的，电报实现了用虚拟的方法传递信息，打破了空间的限制。从此，信息传递的速度是以往任何一种通信方式所望尘莫及的，1秒钟，信息就能绕地球走上7圈半。为了表达对电报之父莫尔斯的感谢，1858年，欧洲多国联合给予他40万法郎的奖金，纽约市民还在市中央公园为他建造了雕像。

"沃森，我需要你"

早在1796年，英国人休斯就提出了用话筒接力传送语音的办法，来解决远距离或穿越障碍的语音通信，并将之命名为Telephone，当然，那时还没有用电传声的想法，但这个名字一直沿用至今。

说起电话的发明者，我们首先会想起那个如雷贯耳的名字：亚历山大·格雷厄姆·贝尔。

贝尔

贝尔，1847年生于英国苏格兰，后来移民到美国。他的祖父、父亲毕生都从事聋哑人的教育事业，由于家庭的影响，贝尔从青年时代起也加入了聋哑儿童教育的行列。他还是大名鼎鼎的美国盲聋女作家海伦·凯勒交往最长久、感情最好的朋友。

从小就对声学和语言学有浓厚兴趣的贝尔，逐渐对用电传递信息产生了兴趣。开始，他的兴趣是在研究电报上。身为音学的研究者，他常常想，"为什么不能用电来传播声音呢？"尽管这个想法遭到很多人的嘲笑，但贝尔发明电话的努力却得到了当时美国著名的物理学家约瑟夫·亨利的鼓励。在亨利的鼓舞下，他利用一切时间去接触电气方面的知识，不久，他对电学已经摸得一清二楚了。他曾试图用连续振动的曲线来使聋哑人看出"话"来，没有成功。贝尔大胆地设想：如果能用电流强度模拟出声音的变化不就可以用电流传递语音了吗？可是怎样才能让电流的强度随声音的强度而变化呢？

贝尔首先想到利用导电液体的电阻变化产生变化电流的方法，恰在这时他偶然遇到了18岁的电气工程师沃森，沃森成为他的助手和合作者。经过几年的失败和探索，他们终于制成了两台粗糙的样机：圆筒底部的橡皮膜中央连接着插入稀硫酸的碳棒，人说话时薄膜振动改变电阻使电流变化，在接收处再利用电磁原理将电信号变回语音。但不幸的是试验失败了，两人的声音是通过公寓的天花板而不是通过机器互相传递的。

正在他们冥思苦想之时，窗外吉他的叮咚声提醒了他们：送话器和受话器的灵敏度太低了！他们连续两天两夜自制了音箱、改进了机器。1876年3月的一天，他们开始实验，没想到贝尔此时不小心把盛有稀硫酸的瓶子碰翻了，硫酸洒了出来，贝尔高喊："Mr.Watson,come here! I want you！"（"沃森先生，快来呀！我需要你！"）在另一个房间里的沃森在机器中清晰地听到了贝尔的声音。沃森冲到贝尔面前，兴奋地大声喊："我听到了！我听到了！"当他们确认声音是通过电线传递而不再是天花板时，两人激动得拥抱在一起，这一年，贝尔29岁，沃森21岁。当天晚上，贝尔在写给母亲的信中预言："朋友们各自留在家里，不用出门也能互相交谈的日子就要到来了！"

在北京通信电信博物馆里，陈列着一个花盆一样的怪东西，如果不看说明，恐怕没有几个人知道，这个又丑又怪的东西就是当年贝尔发明的世界上第一部电话的复制品。这部电话——准确说是半部电话，它只是一个送话器，也就是只能说不能听的话筒部分——向人们展示了电话刚发明时的状况。

"沃森先生，快来呀！我需要你！"也就成为有记载的人类通过电话传送的第一句完整的声音语言。

贝尔发明的第一部电话（送话器）模型

1876年3月3日，贝尔的29岁生日那天，他的电话发明专利申请被批准。然而，这个"液体送话器"终究不实用，他们趁热打铁，经过半年的改进，终于利用电磁原理制成了世界上第一台实用的电话机。在贝尔申请电话专利的同一天两小时后，另一位发明家艾利沙·格雷也来为他的电话申请专利。为此，他们之间打了十多年的官司，以贝尔胜诉而告结束。从此"电话之父"的桂冠戴在贝尔的头上。

为了纪念贝尔在电学声学上的贡献，现在声音强度以及功率增益的单位就是以贝尔命名的。1877年，美国波士顿架设了第一条电话线并开始通话，同年，创建了贝尔电话公司（AT&T公司的前身）。同年，爱迪生又取得了发明碳精粒送话器的专利，这也是我们至今仍在用的技术。我们知道，仅仅有电话机还不能做到各个电话用户的相互通话，1878年，在美国康涅狄格州纽好恩开通了世界上第一个电话交换所，能为20个用户提供电话交换服务。

其实，在贝尔研究电话的时期，有很多人在做着同样的工作。从19世纪50年代起，就有一批科学家受电报发明的启发，开始了用电传送声音的研究。正因为如此，才引起后世一场旷日持久的电话发明权之争。

不管怎么说，一百多年来贝尔的名字依然是如雷贯耳，他被绝大多数人公认为电话发明人，也写进了各种教科书。但谁也没有想到，在一百多年后的21世纪，又一桩事件使这个早已被认为是尘埃落定的"铁案"蒙上了一层迷雾。那就是2002年6月15日，美国国会众议院通过表决，推翻了贝尔发明电话的历史，承认意大利人安东尼奥·梅乌奇是发明电话的第一人。

梅乌奇是何许人也？他原是一位贫穷的佛罗伦萨移民。在研究用电击法治病的过程中，他发现声音能以电脉冲的形式沿着铜线传播。他在1850年移居纽约后继续这项研究，并制作出电话的原型。他用自己研究出来的装置，将瘫痪在床的妻子的房间与自己的实验室连接了起来，以便随时照应。1860年，他公开演示了这套装置，当时纽约的意大利文报纸报道了这一消息。但梅乌奇穷困潦倒，不得不为生计奔波。他辛辛苦苦研究出来的通话器被妻子以6美元的价格卖给了二手商店。但梅乌奇并不死心，制造出更加复杂的通话器，已经具备今天电话的雏形。1871年，他打算申请专利，但拿不出250美元的专利申请费。后来，他把一台样机和有关技术细节的资料寄给了西方联合电报公司，希望获得资助，却杳无音讯，当请求归还原件时，他被告知这些机器不翼而飞了！

1876年，曾经与梅乌奇共用一间实验室的贝尔获得了电话发明专利，并与西方联合电报公司签订了一项获利丰厚的合同。随后，梅乌奇对贝尔提出起诉，就在胜诉有望的时候，命运多舛的梅乌奇却与世长辞，诉讼也不了了之，这一年是1889年。就这样，这场电话发明权之争便成为一桩历史悬案，百年后又为人们所重新提起。如今在梅乌奇的出生地佛罗伦萨有一块纪念碑，上面写着"这里安息着电话的发明者——安东尼奥·梅乌奇"。然而，事情并没有终结，在美国众议院作出决议之后，加拿大众议院很快也作了一项决议，重申贝尔是电话发明人。看来电话发明权之争作为科学史上的悬案，还将继续争论下去。

关于贝尔的电话发明专利，现在又有了新的说法，据说是贝尔与专利局的人合伙搞的一个阴谋，窃取了格雷的电话技术，看来贝尔的"电话之父"地位确实是争议日增，摇摇欲坠了。具体可参见《电的旅程：探索人类驾驭电子的历史过程》（张大凯著，湖南科学技术出版社，2013）一书中的记述。

大洋彼岸传来的"S"

整个19世纪,从世纪初发明伏打电堆开始,到世纪末无线电的发明,可以说是电磁学的黄金时代,"江山如画,一时多少豪杰"。1873年,天才的英国物理和数学家麦克斯韦,以优美的数学语言创立了近乎完美的电磁场理论,麦克斯韦方程,成为人类历史上最伟大的物理方程之一。麦克斯韦理论预言了电磁波的存在,并提出电磁波与光波的传播速度相同,这是继电磁感应定律之后,电磁领域的又一伟大发现。6年后的1879年,麦克斯韦离开了这个世界,享年48岁,遗憾地没能见到他所预言的电磁波被发现的那一天。

麦克斯韦去世9年后,德国物理学家赫兹在一次偶然的实验中,证实了麦克斯韦的理论,发现了电磁波的存在,并验证了电磁波具有波的一切特性,开创了无线电电子技术的新纪元。可惜赫兹更是英年早逝,只活了37岁。现在物理学上振荡频率的单位就是赫兹,用以纪念这位伟大的科学家。

1894年6月,英国物理学教授洛奇第一次解释了电磁振荡中的谐振与调谐现象,这些都为无线电发明奠定了基础。新的理论正在孕育新的技术,有两位从未谋面的科学家开始为同一目标而探索,那就是用

麦克斯韦

赫兹

波波夫

无线电进行通信。这两位人物是俄国的波波夫和意大利的马可尼。

波波夫29岁那年,赫兹发现电磁波的消息传到俄国,他被强烈地吸引住了。他兴奋地说:"用我一生的精力去装设电灯,对广阔的俄罗斯来说,只不过照亮了很小的一角;要是我能指挥电磁波,就可以飞越整个世界!"第二年,波波夫就成功地重复了赫兹的实验,并且提出了可以用电磁波进行无线电通信的设想。1894年,波波夫制成了一台无线电接收机,他第一次在接收机上使用了天线,这也是世界上的第一根天线。

1895年5月7日,波波夫带着他发明的无线电接收机来到彼得堡的俄罗斯物理化学学会物理分会会场,当场进行演示。他让助手在演讲大厅的一头安放好电磁波发生器,自己在讲台上调好接收机。一切就绪后,助手接通电磁波发生器,接收机带动电铃响了起来。当助手把电磁波发生器电源切断,电铃声随之停止。此后波波夫又改进了他的机器,用电报机替换了电铃。这样,就形成了一台完整的无线电收报机。50年后,苏联政府把这一天定为"苏联无线电节"。

1896年3月24日,波波夫和助手雷布金在俄国物理化学学会的年会上,正式进行了用无线电传递莫尔斯电报码的表演,在场的观众有一千多人。接收机装设在物理学会会议大厅里,发射机放在附近森林学院的化学馆里。雷布金拍发信号，波波夫接收信号，通信距离是250米。物理学会分会会长佩特罗司赫夫基教授把接收到的电报字母逐一写在黑板上，最后黑板出现的一行报文是："Heinrich Hertz"（海因里希·赫兹）。它表示波波夫对这位电磁波的发现者的崇敬。这份电报虽然很短，只有几个字，它却是世界上第一份有明确内容的无线电报。1900年他使无线电通信距离增加到45公里。尽管波波夫把探索无线电世界作为毕生事业而奋斗，但他的事业没有得到沙皇俄国的支持。1906年1月16日，波波夫因脑出血突发而去世，享年47岁。

在与波波夫同时代的欧洲，一个年轻人也在做同样的实验，他就是意大利工程师马可尼。马可尼没受过正规的教育，但赫兹的实验激发他热心于无线电通信的研究，年仅十几岁的马可尼就立志发明无线电通信。1894年，20岁的马可尼第一次用无线电波打响了10米外的电铃。第二年，他使通信距离增加到2.8公里，不但能打响电铃，还能在纸条上记录下拍发来的莫尔斯电码。可惜当时的意大利政府对无线电通信没有兴趣，马可尼来到英国，在英国取得了专利，并得到英国邮政总局总工程师普利斯的赞助，在英国公开表演无线电通信。1897年5月18日，马可尼用风筝作为收发天线，使无线电信号越过了布里斯托尔海峡，距离14公里，创造了当时最远的无线电通信纪录。年仅23岁的马可尼踌躇满志，意识到自己离大获成功已经为期不远，于是在英国注册组建了无线电报公司，后来干脆更名为马可尼无线电公司。顺便说一句，著名的英国广播公司（BBC）也是马可尼在1922年创建的。

1898年，英国的游艇赛上，马可尼的无线电通信得到第一次实际应用，引起了很大轰动。1899年3月，马可尼成功实现了横贯英吉利海峡的通信，距离增加到45公里。当时马可尼使用的无线电波长均为超过1000米（频率低于300千赫兹）的长波，在传播方式上属于地波。也是这一年，马可尼在英国海军的三艘军舰上装备了无线电通信装置，在两艘相隔50公里以外互相看不见的军舰上实现了通信，证明无线电信号可以曲面传送。

1900年10月，壮心不已的马可尼花费20万英镑，在英国康沃尔的普尔杜建立了当时世界上最大的无线电报发射台，功率达到12千瓦，用20根高达36米的桅杆架起了巨大的天线。为了实现信号的远距离传送，不但增加了发射功率，马可尼还尝试提高了无线电的频率，使用了进入中波范围的800千赫兹频率。

马可尼

1901年马可尼率领两个助手横渡大西洋，来到加拿大纽芬兰的圣约翰斯进行越洋通信实验。12月12日中午，马可尼使用风筝携带接收天线，放飞到120多米的高度。在约定的时间，马可尼与助手调整接收机谐振频率，反复搜索3000公里外英国普尔杜发出的横跨大西洋的无线电信号。终于，耳机中传出"嘀嘀嘀、嘀嘀嘀……"的信号声，接收机也不断打出三个点的电码符号，这是事先约定的信号，是莫尔斯电码中的"S"！这美妙的"S"宣告了无线电通信真正实现了超远距离通信，即使在大洋彼岸也可以瞬间到达。之所以约定用"S"来作实验信号，大概是因为这是莫尔斯电码中最简单最容易发送的一个字母吧，比如国际通用求救信号SOS就用了两个S，给拍发求救信号带来最大的便捷。

马可尼因无线电通信的发明获得了1909年的诺贝尔物理学奖。

1933年，马可尼偕夫人来到中国旅行，其间在上海逗留了5天，引起上海的一股无线电旋风，使本来热销的无线电收音机销量更上一个台阶。马可尼在1930年前后在上海开设了马可尼中国公司，经销他的无线电通信器材，他的到来无疑给自己的公司做了最好的广告。当时马可尼在中国的名气不亚于现在的"苹果教父"乔布斯，如果乔布斯还活着，他今天来访华或许也会是这样子吧。

第二动线　寻找近代电信的足迹

当你拿着最新的3G/4G手机，随时随地与亲友视频聊天的时候；当你在电脑前足不出户，就能通过互联网知晓天下资讯的时候；当你拨打116114电话导航，轻松预订机票、酒店、实时了解各种信息的时候……你大概没有想过，在一百多年前的北京城，你脚下的这块土地上，近代通信业是怎样一步步发展演变来的。现在，就让我们推开老北京的记忆之门，随着时间的脉动，去追寻近代通信的足迹。

"行辕正午一刻"

1844年和1876年，美国人莫尔斯和贝尔先后发明了有线电报和电话，人类进入了电信时代。当时的中国，正处在清政府统治下严重的内忧外患时期，官方通信依然依靠传统的驿站传递方式。俄、英、美、法、丹麦等国不断向中国政府提出要求在我国境内设电线、办电报的要求。列强根本无视中国的通信主权，1871年和1873年，丹麦大北电报公司、英国大东电报公司先后通过海底电缆在中国上海登陆设局，开办电报业务。

当时清朝使用驿站快马方式传递信息，与电报相比，贻误大量军机，中国的外交和军事都处于严重被动局面。1874年，日本派兵入侵台湾岛，千余名士兵登岛，而清廷却全然不知。待此事上奏到朝廷时，已过一月有余。

这件事对清政府刺激很大，不得不下决心整顿海防。福建船政大臣沈葆桢临危受命，作为钦差大臣巡视台湾防务，深感台湾孤悬大洋，与福建交通阻隔，于是上奏"台洋之险，甲诸海疆，欲消息常通，断不可无电线"，次日便获批准，于是拟由福州至厦门用陆线，厦门至台湾用水线建设电报。工程由丹麦大北电报公司承担代办，1874年底，已经在福建架设电线六十余里。可惜的是，兴办电报在清政府内激起巨大争端，遭到以工科给事中陈彝等为代表的保守势力的激烈反对，他们牵强附会，危言耸听，导致清廷对举办电报的政策发生了动摇，最后重新签订协议，取消了这条刚刚开建的电报线，但工程费全额照付。中国自办的第一条电报线就这样流产了。

尽管日本从台湾退了兵，但台湾的隐忧仍在。这一点，新任福建巡抚丁日

老明信片上中国早期架设电报线的场面

昌也深有感触,他在台湾积极筹备着电报线的建设。

清廷整顿海防的一个重要举措是将沿海防卫分为北洋和南洋两个防区,命令直隶总督兼北洋大臣李鸿章和两江总督兼南洋大臣刘坤一为海防事宜钦差大臣。也就是说李鸿章和刘坤一这两个人掌管着全国数万公里海岸线的全部海防事宜。他们深知,如果没有灵便的消息沟通,面对外强的快舰巨炮,所谓海防形同虚设。

于是,李鸿章在自己的职辖内,积极地从事着电报的尝试与推广。1877年李鸿章在其天津直隶总督衙门与天津机器局间架设了十余里电线,6月27日,这条电报线第一次发电,电文只有六个字:"行辕正午一刻"。这是目前有案可稽的中国人自办的第一条电报线和发出最早的一封电文。与当年莫尔斯在国会大厦里献给"上帝"的感叹不同,这份电文平淡无奇,字迹间流露出的是好奇和试探。李鸿章在1877年6月29日致刘秉璋的一封信中也不无自豪地说道:"日来由东局至敝署电线置妥,仅费数金,通信立刻往复……数百年后,必有奉为

1896年法国人绘制的李鸿章画像

开山祖矣。"(《李文忠公全书》)信中的"东局"即设在天津东郊的天津机器局,"敝署"即直隶总督府设在天津的衙署。1879年,李鸿章又设立了从天津到大沽、北塘等炮台的军用电报短线。在丁日昌的主持下,1877年10月11日,由今天的台南到高雄的全长不足50公里的电报线终于建成。这条电报线完全军用,还不具备营业特征。

1880年9月,李鸿章终于向朝廷提出创办津沪电报线,开启了中国大规模自主建设电报的时代。

再,用兵之道,必以神速为贵,是以泰西各国于讲求枪炮之外,水路则有快轮船,陆路则有火轮车,以此用兵,飞行绝迹。而数万里海洋欲通军信,则又有电报之法。于是和则以玉帛相亲,战则以兵戎相见,海国如户庭焉。近来俄罗斯、日本国均效而行之,故由各国以至上海,莫不设立电报,瞬息之间可以互相问答。独中国文书尚恃驿递,虽日行六百里加急,亦已迟速悬殊。查俄国海线可达上海,旱线可达恰克图,其消息灵捷极矣。即如曾纪泽由俄国电报到上海只需一日,而由上海至京城,现系轮船附寄,尚须六七日到京。如遇海道不通,由驿必以十日为期。是上海至京仅二千数百里,较之俄国至上海数万里,消息反迟十倍。倘遇用兵之际,彼等外国军信速于中国,利害已判若径庭。且其铁甲等项兵船,在海洋日行千余里,势必声东击西,莫可测度,全赖军报神速,相机调援。是电报实为防务必需之物。(下略)

李鸿章的这篇"可行性研究报告",不惜笔墨详细论述了电报与驿递的差别以及建设电报的必要性,后面还对建设电报的可行性以及具体的建设、运营、管理方法说了一大篇。我们会发现这篇文字写得其实并不精彩,甚至有些啰唆。在我们现在看来这些简直就是常识,但在当时,对于闭关自守的"天朝"来说,可是最高科技,就连戎马半生的左宗棠也曾坦言"不知电报为何物",所以李鸿章的文字难免啰唆一些,通俗一些,给太后、皇帝"科普"一下,以使最高统治者易于接受。

从历史资料上看,当时的最高统治者——慈禧太后(光绪皇帝此时尚未亲政,处于慈禧垂帘听政期间)对于高科技还是相当支持的,很快就批准了。当年10月李鸿章就在天津成立了津沪电报总局(后来正式命名为中国电报总局),同时开办电报学堂,聘请丹麦人为教师,培养中国的电报人才。1881年夏,电报线由津沪两端同时开工,沿大运河而建。委派丹麦大北电报公司承担全部施工及采购器材,全部工程耗费湘平银18.7万多两。1881年12月28日,这条全长1500多公里的津沪电报线全线试运行,除在天津设电报总局外,还设有天津紫竹林、大沽口、济宁、临清(1882年撤销)、清江浦(今淮阴市)、镇江、苏州、上海8个分局。这是中国大陆第一条正式运营的长途电报线,尽管还没有进入北京,但它把北洋和南洋沟通起来,在海防上起到了重要作用。当时支持新事物的《申报》曾积极地跟踪报道,兴奋地称之为"中国五千年来之创局"。

津沪电报运行一年多,清政府切实感受到了电报的好处,于是李鸿章、刘坤一等人继续上奏推进南洋的电报建设。1883年,苏、浙、闽、粤各省沿海电报线全部贯通,从此中国1.8万公里海岸线可迅捷沟通消息。在左宗棠、郑观应等人推动下,自镇江至汉口长达800多公里的长江线也于1884年建成,构成了中国创办电报初期的三条长途干线。

大家知道,我们现在有一个"世界电信日",是每年的5月17日,这是纪念国际电信联盟(ITU)诞生的日子。读者可能不知,我们中国还曾有一个自己的电信节,那就是12月28日。1947年南京国民政府为纪念津沪电报线开通的日子,规定每年12月28日为中国的电信节。

中国大陆第一条长途电报线

电报、风水和忠孝

看到这个题目，似乎这三件事物毫无关系，其实在中国，尤其是近代风气初开的中国，一切皆有可能。电报、风水与忠孝硬是联系在了一起，而且影响巨大。

我们知道，电报是外洋的产物，电报刚刚登陆中国时，除了清政府洋务派人物注意到它的巨大作用并乐意接受它以外，更多的顽固派保守势力是一概排斥洋务的。而对于普通百姓，则更是见所未见、闻所未闻，于是关于西方先进的科学技术，被人云亦云、道听途说地传播开来，何况民众与洋人之间的敌对情绪掺杂其间，难免添油加醋，愈传愈奇。加之中国传统文化素来重文理而轻技艺，这些西洋玩意儿就被称为"奇技淫巧"，要么惧如洪水猛兽，要么嗤之以鼻。

当然，也有一些有见识的知识分子，对电报体现出更多的好奇与赞叹，比如晚清外交家、诗人黄遵宪曾写过一首诗，内容是抒发相思之苦、离别之情，而载体却是电报。用中国传统的古体诗吟咏西洋的电报，真可谓是"中学为体，西学为用"了：

朝寄平安语，暮寄相思字。
驰书迅已极，云是君所寄。
既非君手书，又无君默记。
虽署花字名，知谁箝缄尾。

> 寻常并坐语，未遽悉心事。
> 况经三四译，岂能达人意！
> 只有斑斑墨，颇似临行泪。
> 门前两行树，离离到天际。
> 中央亦有丝，有丝两头系。
> 如何君寄书，断续不时至？
> 每日百须臾，书到时有几？
> 一息不见闻，使我容颜悴。
> 安得如电光，一闪至君旁！

但顽固派认为电线会变乱风俗，是背祖弃宗之举。比如工科给事中陈彝在1875年9月的一道奏折中坚决表示要禁止架设电线，认为电线可以"用于外洋，不可用于中国"，理由是：

> "铜线之害不可枚举，臣仅就其最大者言之。夫华洋风俗不同，天为之也。洋人知有天主、耶稣，不知有祖先。故凡入其教者，必先自毁其家木主。中国视死如生，千万年未之有改，而体魄所藏为尤重。电线之设，深入地底，横冲直贯，四通八达，地脉既绝，风侵水灌，势必所至，为子孙者心何以安？传曰：求臣必于孝子之门。籍使中国之民肯不顾祖宗丘墓，听其设立铜线，尚安望尊君亲上乎？"

在顽固派的逻辑中，中国人架设电线会破风水，破风水就是不孝，不孝必然不忠，电线会导致不忠不孝！哎呀，这个罪过可大了。把任何事情都能上升到意识形态的高度，这大概是中国人特有而且惯用的本领。还有内阁学士文治也上疏称自己"闻铁路而心惊，睹电杆而泪下"。

在中国电报创办初期，即使洋务派的奕䜣、左宗棠、刘坤一等也曾一度表示反对，认为是劳民伤财的无益之举。

在民间，反对电报的声音更是高涨。例如1890年陕西境内安设电线时乡民"莫不指为怪异"，两年后有三县民众相约半夜起事，将线杆几乎全部砍毁，

法国老报纸中义和团拆毁电报线路的插图

他们相约起事的"鸡毛帖"上这样写着:"电杆欺旱,纠约砍伐,此帖一到,上村传下村,一家出一人,如有一人不出,必会同议罚"。他们认为是电线杆导致了天旱无雨。

政府虽屡次公告"晓谕民间",电线"有利无害",而且声明"概用华人,不用洋匠","无碍民间田墓、庐舍",从中看出,民间反对电线的原因主要是与洋人的敌对情绪和维护风水的传统理念。有些地区因架电线的工人穿着专门的制服而被疑为洋人,导致民众闹事。在后来义和团的活动中,反对洋务更是发展到极端,义和团的揭帖中写道:"兵法艺,都学全,要平鬼子并不难。拆铁路,拔电线,紧急毁坏大轮船"。

在民间也有关于电报的各种传闻,不胫而走。例如上海《点石斋画报》曾刊载时评漫画,报道南方一些地区,民间传言电报之所以瞬息传递消息,是利用了死人的灵魂,在电报局中,供养着很多死人的牌位,电报局通过咒语巫术让灵魂不得超生,沿着电线替人们传递信息。

这些现在看起来都成为笑话,但当时却是中国的实情。

李鸿章在奏请开始电报时,之所以没有直接申请开办北京电报,是有很多顾虑的。他在1883年筹设津通电报的奏折中称:"臣于创办电线之初,颇顾虑士大夫见闻未熟,或滋口舌,是以暂从天津设起,渐开风气。"面对一群保守派大臣义愤填膺、哭天抹泪、怨声载道的场面,还有民间反对洋务的热潮,慈禧太后、光绪皇帝这些最高统治者也有所顾忌,所以李鸿章采取了步步为营的建设方针。

北京城响起了电报声

李鸿章主持建设的津沪电报线,开创了中国电信业的一个时代。

我们前面提过,李鸿章之所以没有直接申请开办北京电报,是有很多顾虑的。一是考虑到保守势力的反对,不可操之过急;二是李鸿章作为地方督抚,不能直接插手京城事务。因此即使作为朝廷重臣,也不得不采取步步为营的办法。

南北洋海防虽经电报连为一气,但天津毕竟离清政府的统治中心北京还有二百里路程,发往京城的重要电报在天津落地后,都要用驿递快马驰送入京。最先进的电报与最原始的驿马相结合的通信方式,成为当时特有的风景,也表现出保守的中国在接受新事物方面的困难。驿马一来一返难免耽误不少时间,尤其夏季汛期,京津间的河道经常开决,导致驿马受阻,贻误军机。当时正是中法战争前夕,曾国藩之子曾纪泽担任出使英、俄、法大臣,正竭尽全力在西方各国间周旋,努力平息战争。事态的瞬息万变,落后的通信方式,使他深感与朝廷请示联系的不便。于是建议把天津电报线延伸到京师近畿,从而"壮声威以保和局,灵呼应以利战事"。

在这种情况下,总理各国事务衙门出面与李鸿章商定,把津沪电报北端延伸到通州。李鸿章在筹设津通电报线情形的奏折中描述了建设过程:

> 循津通一路,裁弯取直,量至通州北关为止。所有坟茔、树林、民房均经让出,沿途舆情毫无惊扰。约计线路一百八十余里,应须木杆一千七百余根。

光绪九年八月十八日，即公历1883年9月18日，通州电报局开局通报，北京地区终于结束了没有电报的历史。通州电报局委员（相当于局长）名叫王继善，是由天津紫竹林局调来的。

电报离京城只有一步之遥了——这一步又走了一年。

发往京城的电报到通州后，仍由驿马传递入京，半个时辰（约一个小时）便到了京城。虽说方便，但总是有些遗憾，如果夜间收到紧急电报，驿马会被阻在北京城门外，还是有所延误。总理衙门此时已经深深感受到电报的妙处，恨不得把电报局设在自己的办公桌上，他们已经不能容忍这种看似漫长的等待了。于是洋务派们与总理衙门之间经过反复磋商，认为电报线进京城时机已经成熟，把电报线直接引入总理衙门，刻不容缓。1884年1月，总理衙门致函李鸿章：

中国旱路电线，业由贵处督饬局员安至通州，官民无不称便。惟距京稍远，未免多一周折。昨佩纶（张佩纶，任总理衙门行走，女作家张爱玲的祖父——编者注）回京具述阁下扩充到京之意，实与敝处意见吻合。现拟安设双线，由通州展至京城。以一端引入署中，专递官信。以一端择地安置，用便商民。……俟来春解冻时，迅速开办。

我们看到，此函已经不是商谈，而是要求，且主意已定，不容商量。

李鸿章对此求之不得，不顾天寒地冻，马上派人对地形线路进行了谨慎细心而又迅速的勘察设计。"勘察报告"指出，通州至京城东便门全部用旱线，也就是立杆架线，进东便门后改用水线沿护城河进崇文门水关，进入北京内城，但是到内城后，直到总理衙门所在地东堂子胡同就没有水路了，只好立杆架线，大约要立杆20多根，有碍观瞻，可能招惹是非。如果把铜线埋入地下，又怕腐蚀损坏，经常要挖沟更换，极其不便。

这个问题让李鸿章颇感棘手，犹豫再三，还是向总理衙门建议，电报线不要进入内城了，电报局只设在外城离总理衙门也不算远，总比通州近多了。而且北京外城是普通平民的居住区，立杆架线也不至于招惹王公宗室们的非议。

意识到电报重要性的总理衙门没有采纳李鸿章的建议，坚持电报官所一定

1883年设立的通州电报驿站遗址

清代总理各国事务衙门，后改为外务部

设于北京胡同的官办电报局

设在内城。但考虑到立杆碍目,总理衙门放弃了在衙署内设电报局的想法,决定在城墙边泡子河附近择地设立官报公所。

总理衙门上奏朝廷《拟将通州电局移设京城》,当日批复"知道了,钦此"。李鸿章接到谕旨,马上命令通州至京城电报线工程全面开工。电报线进京,这是比较麻烦的事情,涉及很多具体事务。这一举措牵动了户部、步军统领衙门、都察院、顺天府、内务院、奉辰苑、仓场侍郎等众多衙门机构,现在保存的关于这一事件前后的奏折及往来信函就有几十件。

电报线究竟怎样进京才更妥当,更是让李鸿章大费脑筋。最终决定,电报线由东便门水关进城,尽量沿河道走水线,不得不立杆架线时,为减少口舌是非,使用特制的红漆木杆,挂专门的细铜线。电报线在城内分为两路:一路进内城,在泡子河边吕公堂设官电局,专门收发政府电报;一路进外城,在崇文门外喜鹊胡同杨氏园设商电局,开放营业,以商电局的盈利补贴官电局的费用。不管怎样,光绪十年,也就是公历1884年8月22日和8月30日,商电局和官电局先后建成通报。电报这种近代的通信手段,终于进入清廷的政治中心。从

清代电报员工作场景雕塑

此,北京这座千年古都传出了嘀嘀哒哒的电报声。

商电局由原通州电报局委员王继善负责,官电局由原大兴县县丞庄佩兰负责。当时在电报局工作的报务人员,可以说代表着最先进的科学技术,不但精通电报业务,还要精通英语,因为有大量电报是英文的,必须是"海归"或电报学堂毕业的专门人才才能干得了。

最后,我们不妨再说说北京这两座最初电报局的归宿。设于外城的商电局在1900年八国联军进北京前被义和团焚毁,设于内城的官电局在1898年最终还是被总理衙门迁到了衙署内,成为外务部电报局。直到1907年清政府在东长安街建成北京电报总局,外务部电报局的作用也就随之消失了。

三张电报线路图

在北京通信电信博物馆中，陈列着三张清代的全国电报干线图，分别是1884年、1890年、1903年绘制的，反映了中国电报建设初期的规模和速度。

1881年12月，直隶总督兼北洋大臣李鸿章主持建设的中国大陆第一条长途电报干线开通，从天津到上海，沿途共设8个电报局，全长1500多公里，沟通了北洋和南洋的海防，并开放营业，这可以说是中国自办电信业务的开始。

清政府在接受近代通信与科技的过程中，从排斥拒绝到观望徘徊，从尝试探索到完全接受与发展，在电报的建设上反映得尤为明显。

从1884年到1903年短短的19年间，中国的电报干线，从沿海地区发展到遍布全国。据1909年统计：全国建成的电报干线网，全长共计47641公里，覆盖了西藏以外的全部省份，形成了大体完备的电报通信网络。

第一张图：这是1884年英国人绘制的中国电报干线图。由于中国早期的电信建设都由外国人参与设计施工和提供技术设备，因此外国人绘制中国的电报线路图是不足为奇的。在这张图上可以清晰地看到中国电报建设初期的状况。李鸿章主持建设了中国第一条长途电报线——津沪线后，洋务派人士趁热打铁，积极奏准筹设上海至广东的南洋各线。1883年苏、沪、浙、闽、粤电报线全部贯通。在这张图上，从辽东半岛的旅顺口直到广西北部湾，甚至当时还是中国附属国的越南河内，都已通过电报线连为一体，1.8万多公里海防，可灵便沟通消息。内陆地区沿长江敷设电报线到湖北重镇汉口。我们可以看出这时电报的主要作用是服务于海防和通商。

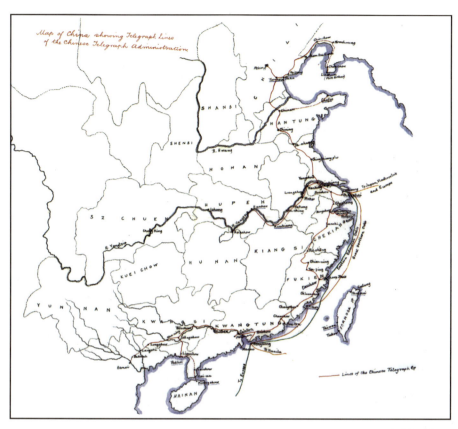

1884年电报干线图

第二张图：1890年绘制的全国电报干线图。这张图反映了中国电报线路建设十年来的发展情况。在以李鸿章为首的洋务派积极推进下，中国电报建设可以说如火如荼，十年间已经覆盖了除西藏、湖南外的全部省份（湖南电报线路当时在建设中）。李鸿章为此专门遣人按照西方模式绘制了这份图呈送给军机处备案。在这张图上，电报线最北端已经到达黑龙江的瑷珲和海兰泡，西北内陆地区最远到达甘肃的肃州，也就是现在的酒泉，西南到达云南的大理、腾越。全国电报干线初步具备网状结构。

第三张图：1903年印刷，电报干线已经覆盖除西藏外的所有省份，而且还有了穿越黄海、渤海的水下电缆。西北部电报线经河西走廊沿天山南麓建设到

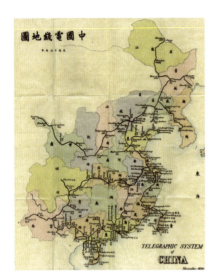

1890年中国电报干线全图

1903年绘制的中国电报干线图

新疆喀什，沿天山北麓建设到塔城，全国的电报通信网大体建成。其中迫于俄国政府压力，于1892年至1899年分段建成的北京至恰克图电报线，全长6000多公里。恰克图位于今天蒙古国的北边境，当时俄国已经把电报线从首都圣彼得堡架设到恰克图，俄国多次要求清政府与之连接通报。我们可以想象，在清朝末期，内忧外患严重，国家经济艰难，建设这条不会给中国带来多少好处的京恰电报线，要穿越几千里草原、荒漠，架设十几万根电线杆，耗时耗工异常艰巨。它的目的仅仅是方便了俄国对中国的控制。

细心的读者可能发现，这张地图上没有台湾岛。那是因为中日甲午战争以中国失败告终，1895年4月17日清政府与日本签订了屈辱的《马关条约》，将台湾及澎湖列岛割让给了日本，被日本殖民长达50年，直到1945年抗日战争胜利才回归祖国。

电报给晚清社会带来巨大变革，但是这并不能改变大清帝国行将就木的命运，世界潮流，浩浩汤汤，顺之则昌，逆之则亡。在我们随时随地可以使用智能手机的今天，回顾百年电报史，又给我们什么样的启迪和思考呢？

488个字的"可研报告"

长期以来,我们谈到中国近代的电报建设,总是离不开李鸿章这个洋务派重臣,这固然不错,但是我们忽略了,李鸿章的背后,还有一个盛宣怀。他对中国近代电信业所起的巨大推动作用,非同一般。甚至可以说,洋务运动时期中国创办的电报事业,其实是盛宣怀一手督办和经营的。

盛宣怀(1844~1916),字杏荪,曾任直隶津海关道兼直隶津海关监督、津沪电报陆线总办、铁路公司督办、工部左侍郎、邮传部尚书等职。创办了许多开时代先河的事业,成为晚清洋务运动的核心人物之一,也是中国最著名的第一代资本家,被称为"中国商父"。

在中国近代史上,他曾经开创和经营了第一个官督商办企业——轮船招商局、第一个电信企业——天津电报总局等11个"第一"。在风雨飘摇的晚清,以一人之身,成就如此业绩,可以说创造了中国近代实业的奇迹。

1870年春天,虚岁27岁的盛宣怀经人举荐成为李鸿章的幕僚,工作内容相当于是秘书、保管员兼总务处副处长。他常常"日驰数十百里"忙于军需,作为文案,他又"磨盾草檄,顷刻千言,同官皆敛手推服"。盛宣怀凭着办事一贯事必躬亲、实事求是、力求实效和精明练达的作风,很快就得到了李鸿章的赏识和提拔举荐,一年多之后,其官衔就升至知府、道员。

在跟随李鸿章的过程中,盛宣怀胸襟大开,决定走"办洋务"的路子。盛宣怀办洋务更多地考虑从洋人手中夺回属于中华民族的利益和权利,他通过办洋务成为全国商人中的首富。他掌握电报资源,充分利用信息优势,在商战中

盛宣怀

气死了大名鼎鼎的红顶商人胡雪岩，赢得"天下第一官商"的头衔。在慈禧太后向八国宣战的时候，盛宣怀利用电报促成了"东南互保"，企图救清廷于水火。李鸿章曾称赞他"一手官印，一手算盘，亦官亦商，左右逢源"，又说他"欲办大事，兼做高官"。

在1881年李鸿章主持的津沪电报线工程中，盛宣怀为总办，郑观应（曾改编汉字电报码，著有《论电报》、《盛世危言》等著作）为会办，两位近代精通洋务与电报技术的人强强联合，使得津沪电报线建设进展异常顺利，而且为一向花冤钱的大清国难得省下两万多两银子的工程款，让大北电报公司这个工程承包商没有占到太大便宜。此后李鸿章任命盛宣怀为天津电报总局总办，郑观应为上海电报分局总办。1882年，盛宣怀趁热打铁，建议李鸿章建设苏、浙、闽、粤电报线，使得中国数万公里海防连为一体。此后盛宣怀与郑观应再次联手，与大北、大东电报公司进行了长达数年的艰苦谈判，最终把外商在中国的陆上电报收归国有，并迫使外商不能再在中国国土上建设经营电报。李鸿章对盛宣怀主持天津电报总局（中国电报总局）的业绩大为赞赏，亲自上奏朝廷为之请奖。盛宣怀也从此大得圣眷，成为晚清一代名臣。

他在其《电报局招商章程》中说："中国兴造电线，固以传递军报为第一要务，而其本则尤在厚利商民，力图久计。"在洋务派们刚刚认识到电报在军事国防上的作用时，盛宣怀已经认识到电报是经济发展的产物，反过来必须为经济服务，从而促进经济的快速发展。从他大力兴办轮船、铁路等方面，更可以看出，盛宣怀一直把交通、通信作为发展经济、强国利民的手段，可以说这是他一生业绩的指导思想，这竟然与一百年后我国改革开放初期的指导思想何等一致！

在我们过多关注电报发展的时候,往往忽略了近代中国的电话通信。其实外商在中国开设电报局之后不久,就把电话带到了中国,而且电话与电报相比,更具方便易用的优势,构成对中国通信主权更严重的威胁。盛宣怀首先意识到这种威胁,他以商人的敏锐视觉关注着事态的发展。终于,盛宣怀以督办铁路大臣、大理寺少卿的身份,在1899年11月19日给光绪皇帝上奏了建议开办电话的奏折。

盛宣怀的这篇奏折开启了中国官办电话的篇章,可以说是中国自办电话的第一篇"可行性研究报告",是中国电信史上的珍贵文献。虽然只有区区488个字,却把电话的优势、自主开办电话业务的意义、电信发展的趋势以及电信业务经营管理方式等阐述得清清楚楚。这篇奏折原件现保存在中国第一历史档案馆,在北京通信电信博物馆中陈列着复制件。

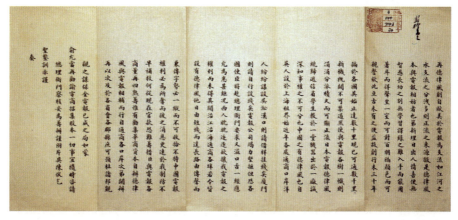

盛宣怀奏折

再,德律风创自欧美,于电报为支流,如江河之水支流之分泄多,则正流之来源微,是德律风本与电报相妨者也。第新理日出,人情喜便,无智愚长幼之别,无学习译录之难,入手而能用,着耳而得声,坐一室而可对百朋,隔颜色而可亲謦欬,此亘古未有之便益,故创行未三十年遍于各国。其始止达数十里，现已可通数千里。新机既辟，不可禁遏。然使与电报各树一帜，则涓涓分派积久而可断正流。日本电报、德律风统归递信省，学生教于一堂，机器出于一厂，诚深知事权之不可分也。

中国之有德律风也，自英人设于上海租界始，近年各处通商口岸，洋人纷纷谋设，吴淞、汉口则请借杆挂线矣，厦门则请自行设线矣。电报公司竭力坚拒，但恐各国使臣将赴总理衙门要求，又滋口舌。一经应允，为患甚巨。况西人眈眈逐逐欲攘我电报之权利而未得，其闻沿江沿海通商各埠若令皆设有德律风，他日由短线而达长路，由传声而兼传字，势必一纵而不可收拾。不特中国电报权利必为所夺，而彼之消息更速于我制防，不早补救何从？现在官款恐难筹措，臣与电报各商董再四熟筹，惟有劝集华商资本自办德律风，与电报相辅而行。自通商各口岸次第开办，再以次及于各省会各郡县，庶可预杜诸邦觊觎之谋，保全电报已成之局。如蒙俞允，当再劝谕电商招集股本，一切事宜随时咨请总理衙门察核，妥为筹办。谨附片具陈，伏乞圣鉴训示。谨奏。

盛宣怀是"文秘"出身，文采相当好，可以"顷刻千言"，我们从此篇奏折就可以看出此言不虚。盛宣怀的这篇奏折，写得条理分明，言简意赅，不但文采斐然，而且义理深刻，是一篇上行公文的典范。前面李鸿章申请建设电报的奏折与之相比，明显逊色。我们不惜篇幅，对这篇"可研报告"做一下具体分析。

"报告"主干内容可划分为两个自然段：第一部分论述了电话的分流作用，得出"事权之不可分"的结论；第二部分论述中国开办电话业务的必要性和紧迫性，并提出了"早补救"的大体思路。对当时清朝电报和电话通信发展的分析可谓鞭辟入里、入木三分，其提出的核心观点即便对我国当前通信事业的发展也不无裨益，值得我们仔细揣摩、深思体悟。

在给朝廷的奏折中明确指出"新机既辟，不可禁遏"的盛宣怀显然对世界发展的走向洞若观火，这或许便是其成就历史上11个"第一"的内在力量。盛宣怀创造的中国人历史上的诸多"第一"大都是从洋人手里夺回来的。同所有被洋人觊觎的新事物一样，电话在中国的发展必然是大势所趋，无法禁遏。电话发展既然堵不住，又事关国家主权和军备制防，便只剩自行创办这一条路，而除此之外的或委曲求全或漠然不顾或与虎谋皮无疑都是痴人说梦于事无补。

盛宣怀开门见山地指出电话业务这个新生事物因"人情喜便"并开创了"亘古未有之便益"，不但不可能被禁止，而且一旦发展起来，对中国的电报事业将带来不小的冲击，甚至"涓涓分派积久而可断正流"。

为什么盛宣怀将电报称之为"正流"，而将电话称之为"支流"呢？在当时，电报线几乎已覆盖全国，是当时主流的现代通信手段。架设电报线所需的费用都是通过集资方式筹措的，在运营上采取"官督商办"模式。假如清廷另外委派官员独立去发展电话，那么势必会损害电报投资人的利益，这就会动摇商人对清廷的信心，甚至会导致他们将手中持有的电报股份卖给洋商，这么一来，几十年来与洋商争利的苦心全都付诸东流了，而"电报已成之局"也实难保全。因此，电报和电话发展必然要统筹规划两者兼顾才行，"事权之不可分"也就顺理成章了。

电话固然要发展，但又不能影响电报。在中国电报总局的统一筹划下，电话"与电报相辅而行"，主要目的是"预杜诸邦觊觎之谋"，"保我自主之权"。而电报在当时通信上占据着主导地位，当务之急显然不是考虑用电话去替代电报，而是更为妥善地保全和发展"电报已成之局"。

在沿海通商口岸洋商已经纷纷开设电话的情况下，盛宣怀深深感到严重的威胁。"不特中国电报权利必为所夺，而彼之消息更速于我制防，不早补救何从？"心情之急迫，跃然纸上。清廷在这方面是有深刻教训的，之前无论是日本入侵台湾还是中法战争中国不败而败，都是"彼之消息更速于我制防"造成的，因此"为患甚巨"的说法实在不是耸人听闻、故弄玄虚之辞，而更多的是"一朝被蛇咬，十年怕井绳"的战战兢兢与诚惶诚恐。

可是，"电报公司竭力坚拒，但恐各国使臣将赴总理衙门要求，又滋口舌"。清廷如果没有明确的说法和行动，就根本无法阻止洋商私自开设电话业务，毕竟任何经济行为都可以上升为外交事件，而弱国无外交啊！

早在盛宣怀开始创办电报事业时，就经过艰苦卓绝的谈判斗争，终于使中国电报事业在强敌面前站稳了脚跟。在当时的大背景下，盛宣怀意识到：唯有在商言商、不涉政治，方可在妥协和谈判中尽量维护主权之利。因此，也唯有将电话发展限定在商业范畴，并依靠商业力量与洋商进行争夺，才能既保全清廷的通信主权，又不至于升级为国与国之间的冲突。而具体的办法就是盛宣怀历来主张并颇有心得的官督商办，其实就是在"官"的领导下，以"商"为主体去具体操办，必要时也可吸纳官股官本。这样既能将"官"的力量作为可靠的后盾，又能尽量按照商业规律去运作，也确实成为了与洋商激烈竞争的一大利器。

这篇奏折，即使今天看来，也很有现实意义。通信的主权问题、电信业务之间的更新替代问题、电信企业的分与合问题、电信建设与经营管理模式问题，都能从中找到发轫，并给予我们现实的启迪。

1916年，盛宣怀病逝于上海，终年73岁。与盛宣怀共事半个世纪、对其了解最深的郑观应为其送上一副挽联，概括了盛宣怀的一生：

忆昔同办义赈、创设电报、织布、缫丝、采矿公司，共事轮船、铁厂、铁路阅四十余年，自顾两袖清风，无惭知己；

记公历任关道，升授宗丞、太理、侍郎、尚书官职，迭建善堂、医院、禅院于二三名郡，此是一生伟业，可对苍穹。

马厩里诞生的北京电话局

1877年10月16日,清朝第一任驻英国公使郭嵩焘受邀访问某电气厂,参观刚发明不久的电话,郭嵩焘当时的日记称之为"声报机器"。郭嵩焘及其随从张德彝亲自尝试通话,算是中国人历史上第一次使用电话。1881年,英国电气技师皮晓浦在上海十六铺沿街架起一对露天电话,付制钱36文(约合现在人民币2元多)即可通话一次,这可以说是在中国应用的第一对公用电话。1882年3月1日,丹麦大北电报公司在上海外滩建立磁石人工电话交换所,成为设在中国的第一家电话局。由于电话比电报更具有实时性和方便性,此后,洋商纷纷开始筹划在中国各通商口岸开办电话业务。有的地方,洋人申请借用电报线杆挂电话线;还有的地方,洋人申请自己架线。

1899年11月,盛宣怀上奏光绪皇帝由中国电报总局开办电话,以保全中国电话的主权。从此之后,中国人开始了自己创办电话的历史。

电话刚进入中国时被称为"德律风",就是英语telephone的音译。这里要额外说两句,其实"电话"是日本人创造的汉语词,用来意译英文的telephone。在一段时期内,"电话"和"德律风"两种叫法通用。20世纪初年,一群在日本的绍兴籍留学生曾联名给家乡写回一封长信,其中详细介绍了日本的近代化情形,鲁迅也列名其中。信中说到电话时,特意注释道:"以电器传达话语,中国人译为德律风,不如电话之切",所以后来逐渐用电话取代了德律风。

盛宣怀这篇奏折很快被批准了,很可惜的是,转年就发生了八国联军攻占

清朝时的东单牌楼。1904年北京第一个官办电话局在东单二条诞生

北京以及义和团运动等事件，清皇室仓皇西逃一路跑到西安，建设电话的事情也就暂时搁下了。

但还是有些封疆大吏独具慧眼，为了制防和公务所需，在小范围内相继开办了电话业务。比如1899年李鸿章在天津建了中国第一个官办电话局。1900年，两江总督兼南洋大臣刘坤一在南京润德里成立江南官电局，设电话交换所（当时被称为"德律风总汇处"）。1902年，湖广总督张之洞在汉口、武昌筹资兴办武汉三镇电话，设磁石交换机30门，专供官署衙门使用。现有史料证明，李鸿章在1885年之前，就在天津直隶总督署、海关、大沽、北塘及海防炮台等处装设了专用电话。

在八国联军侵华的时候，有个叫璞尔生的丹麦商人，曾经担任中国电报总局天津电报学堂教习，还获得过光绪皇帝赏赐的三等第一宝星勋章。他未经清政府许可，在天津私自开办了电话局（当时称为"电铃公司"），并且随着八国联军入侵北京的脚步，把电话线架设到了北京城，沿途在河西务、通州设分局，在东城船板胡同开设了北京第一个电话局，随后迅速开展了电话业务。当年租用电话近百户，两年后发展到400多户。

电话相对电报具有更大的便利优势，清政府意识到事情的严重性。1903年9月，督办电政大臣袁世凯根据北京电报局总办黄开文的建议，呈准试办北京电话局。由黄开文兼任电话局总办，聘请日本人吉田正秀协助设计，同时筹设北京八旗各军营和万寿山窦营的军用电话。

1904年1月2日，北京试办的第一个官办电话局在东单二条胡同开通，聘吉田正秀为参赞，辻野朔次郎为工程司。这个辻野朔次郎也算有些来头，他是日本福井县人，东京电信学校毕业，受聘时28岁，后来曾任中国交通部电政局技师，长期工作和生活在中国。这个电话局的局房占用了光绪皇帝老师、大学士翁同龢旧宅的八间马厩，安装了100门磁石交换机，北京第一个官办电话局就这样诞生在马厩里。为什么把第一个电话局的局址选在这里呢？因为此前八国联军占北京的时候，这里已经被丹麦大北电报公司乘机强占改成了电报局，后来被清政府赎买过来。把电话局与电报局同

博物馆中清代官办电话展柜

设一处可能也是出于方便考虑吧（当时黄开文的住宅也在东单二条）。

不过此时翁同龢早已因戊戌变法事件，被慈禧太后革除官职，撵回常熟老家。而且北京电话局开通半年后，翁同龢就离世了，他未必知道自己的旧宅被辟为电话局这个事实。一向支持光绪皇帝维新变法的翁同龢，如果得知自己的旧宅成为京师第一个电话局，不知心里会是什么滋味。

从这个并不堂皇的局址我们可以看出，清政府对电话还有迟疑和尝试的心理，这个局址明显带有试办的特点，只能说是个临时电话局。这个电话局仿照商铺的形式管理，内设掌柜1人、学徒（后改称"司机生"，即话务员）5人、线工3人、司事（即办事员）3人和日本工程司2人。北京的官办电话思路与盛宣怀的奏折是一脉相承的，这应该算是对盛宣怀的奏请最直接的批示和答复。

同年，北京官办电话局相继建成前门外一分局、西苑二分局、灯市口电话总局，官办电话局的发展使璞尔生的电话失去了吸引力，经营情况每况愈下。1905年5月，经过黄开文与自己当年在电报学堂的教师璞尔生谈判，中国电报局以总价白银5万两收购了璞尔生在北京和天津的电铃公司所有资产，并且聘璞尔生为中国电话顾问，从此北京的电信主权全部收归国有。

电话进了紫禁城

电话是比电报更为方便更实用的通信工具，电话不但具有实时沟通的优势，还避免了电报需要撰写电报稿、翻译电文等专业知识，所以一经问世，就迅速普及开来。然而，清政府的最高权力中心——紫禁城，却迟迟不愿向电话敞开大门。

慈禧太后晚年，常住颐和园，这里成了慈禧太后日常办工、休息娱乐和会见外国公使的地点，成了中国真正的权力中心。主管洋务和外交事务的总理各国事务衙门改成了外务部，也在颐和园墙外设立了分支机构——外务部公所。为了请示汇报方便，1902年，自东城东堂子胡同的外务部至颐和园架设专用电话线，线路全长24公里，由外务部和步兵统领衙门共同出资，由璞尔生的"电铃公司"承包建设。当时北京还没有官办的电话局，只有璞尔生的"电铃公司"在经营北京的电话业务。

1908年8月，行将就木的慈禧太后又下旨，自颐和园水木自亲殿至中南海来薰风门东配殿架设电话专线，"专备上用"。这时候的光绪皇帝因为戊戌变法失败，早已被软禁在中南海瀛台。这条电话专线，成了慈禧太后随时了解光绪皇帝动向的"皇家电话专线"。1908年11月，光绪皇帝和慈禧太后相继撒手人寰，这条电话专线的作用也随之告终。2005年，原北京网通公司（现北京联通）经过历史考证，与颐和园合作，在水木自亲殿开辟了"皇家电话专线展"长设展览，向人们展示了清朝最高统治者对先进通信手段从观望、徘徊到接受的过程。

颐和园水木自亲殿皇家电话专线展

故宫储秀宫内的皇家电话局展览

故宫博物院保存的磁石电话机

"老佛爷"虽然在颐和园大肆尝试外国最新技术——电灯、电话、小火轮,但在紫禁城的皇宫内,却绝对禁止安装电话,从中我们仍然能感知到清皇室对洋务的矛盾态度。现代通信工具的诱惑是难以阻挡的,1910年,42岁的隆裕太后(光绪帝皇后,慈禧太后的侄女)打破了"老佛爷"不许在皇宫装电话的禁令,传旨内务府在后宫安装10门交换机一部,并在长春宫、建福宫、储秀宫安装了6部内线电话,这是我国唯一的皇家电话局。原北京网通公司(现北京联通)于2006年与故宫博物院合作,在储秀宫绥福殿开办了"皇家电话局"常设展览,揭秘了曾深藏在皇宫大内的现代电话手段。

清朝的末代皇帝爱新觉罗·溥仪,从3岁进入皇宫,直到18岁几乎一直没有出过紫禁城。虽然在1911年已经宣布退位,根据民国的优待条件,还一直住在紫禁城里,继续过着称孤道寡的虚拟帝王生活。溥仪15岁那年,也就是1921年,他从洋老师庄士敦那里知道了电话,顿生好奇,要求内务府给他安装一部电话,遭到了一群遗老的反对。虽然1910年隆裕太后在后宫曾安装过电话,但那时溥仪年幼,是不可能使用的,所以他从来没有见过电话,更没有用过。溥仪最终说服了他的父亲——已经退位的摄政王载沣,因为载沣家里早已安装了电话,实在没理由不让溥仪装电话。于是北京电话局在故宫养心殿内为已退位的末代皇帝溥仪安装了电话,并送来一本电话号簿。现在这部电话还保存在故宫博物院,在北京通信电信博物馆中陈列着它的复制品。

溥仪在《我的前半生》一书中详细地描述了他使用这部电话的情形,可见当初对电话的印象之深。当时的溥仪,正是活泼好动、青春不羁的年龄,有了这部外线电话,搞起了恶作剧。他按照号簿给京剧演员杨小楼打了电话,学人家的念白，不等回音就挂了。还冒充某宅给东兴楼饭庄打电话订了一桌酒席，让人家送去，等等，玩了个不亦乐乎。后来查到洋博士胡适的电话号码，用电话约见了胡适，才有了一场退位皇帝与洋博士关于白话文与新诗的对话。我们可以想象，胡适接到溥仪的电话时会是怎样的诚惶诚恐。

关于这部电话机，这里还想多说几句。按故宫博物院的说法，这部电话机是溥仪用过的，但笔者发现，这部电话机是一部磁石式的墙机。当时的电话机分为桌机和墙机，顾名思义，桌机是摆在桌上的，墙机是挂在墙上的。桌机与我们现在的电话机差别不大，属于比较高档的电话机。而墙机的话筒和听筒一般是分开的，要手拿听筒，把嘴凑到墙上的话筒前说话。当时，在电话月租费上，桌机要比墙机贵1元钱。

人工电话分为两种，最初是磁石式电话，需要摇动手柄后才能与电话局接线员通话，而且要自备电池（这个话机下部的方盒子就是电池盒）。后来出现了共电式电话，摘机就可与接线员通话，而且不需自备电池。早在1911年，北京城内电话已经全部改良更新为共电式，北京电话局不可能在10年后的1921年，却给退位皇帝安装一部磁石电话机，而且不是高档的桌机，却是一部墙机。这是一部日本东京生产的话机，在话机的铭牌上，刻着"明治三十八年十月"的生产日期，这一年是1905年，不能想象北京电话局给溥仪安装的是16年前生产的老古董。因此笔者怀疑，这部磁石电话机很有可能是1910年紫禁城设磁石交换机的时候，安装的那6部磁石内线电话之一。这还要留待更多的资料发现和更深的研究。

东局兴替

前面我们讲过,诞生在马厩里的北京电话局只不过是个临时的局所,容量当然更是有限,只有100门。就在同一年,清政府又在东城灯市口椿树胡同(今柏树胡同)对过,租用了40间房,建成新的电话局,时称北京电话总局,1904年12月7日开通磁石式人工电话交换机800门,服务范围自京城中轴线至东城墙,用户分布在京城东半部。原在东单二条试办的电话局随着总局的开通而撤销。

800门的交换机容量在当时貌似已经不小,但电信这个技术一旦落地,会产生连锁反应,有人开始用第一部电话,紧接着就会带动一群人安装电话,所以这个电话总局容量很快就被占满了。电话业务量激增,接线员经常超负荷疲于接线,手忙脚乱,而且占线现象严重,另外还有大量用户申请后却装不上电话,导致用户强烈不满。电话局为此刊发广告向用户解释原因,清政府也不得不考虑扩大规模,增加局所数量,改良设备。

1909年11月28日,在东城米市大街和南城琉璃厂同时开工兴建两座新局所。这次清政府不再临时凑合了,而是建成永久性的局所。1910年9月,两座新局相继建成,都是二层楼房,而且建筑风格造型基本一致。正是这两所新局,奠定了后来百年间北京电话网的基本格局。在北京通信电信博物馆里,我们制作了这个新建东局的模型,可以看出,建筑形式带有欧洲哥特式特点,可见当时西学东渐之风的影响。据曾在东局工作过的老职工说,楼内柱子和木梁都是金丝楠木的。这两座电话局建筑正门上方都镶嵌了一块两米多长的石质门楣,上面镌刻着时任北京电话总办祝书元题写的"宣统庚戌春建"六个大字。博物馆中保存着从东局拆下的这块石刻,这也是本馆目前收藏的最早的一件见证北京电话历史的文物。

新局建成后,原位于灯市口平房中的电话局迁入此处,局名也由北京电话总局改称为"电话东局"(总局迁往琉璃厂),这是这所百年局所第一次被冠以"东局"的名号(位于琉璃厂的新局被称为"电话南局")。同年,清政府以3.8万多美元的价格从美国西洋电气公司购买了共电式电话交换机3000门,分别安装在新建的东、南两局。共电式交换机的优点是不必用户摇动手柄,摘机即可与接线员通话,而且不用自备电池;对于局内来说,

安装在东局正门上方的石刻

共电式交换机可以通过复式连接方式组成复式座席,这样话务员就可以接续更大的范围。1911年4月,北京内外城所有电话局全部改成了共电式交换机,同年,延续260多年的大清国覆灭了。

老北京人和老一辈电信职工曾经把东局称为"慈禧电话局"或者"慈禧话务楼",但是细究起来,这座电话局是1911年正式开通的,而慈禧老佛爷已经在1908年11月就撒手人寰了,不可能用过这里的电话,可见这个电话局与慈禧太后实在扯不上什么关系。

当时一个1500门的电话局接线员究竟有多忙,读者可能还没有清晰的感觉。我们举一个例子,按照史料记载,1916年东局某日用户要号总数达4.5万多次,最忙1小时要号3900多次,最忙时平均每个话务员每小时接线300多次。当值话务员身后一般站着一个备班的话务员,如果当值话务员因上厕所等等原因临时离开,备班人要马上替换上岗。1926年,北京市内电话发展迎来了第一个高峰期,电话东局也随之增容到了4800门。

日本侵占北平后,出于军事安全考虑,1939年6月,日本人经营的"华北电信电话股份有限公司"在东局院内又兴建新机房楼,全部安装自动交换机,

1910年北京电话局话务员工作场景

日伪时期在东局内新建的机房楼

将原来人工转接的电话东局撤销，由于局号是5，所以后来被称为五局。据一份1942年3月的资料数据显示，当时五局的4960个用户中，日本用户就占了2537户，比例高达51.1%。到了1982年，按照有关规定，北京市内电话各分局、支局的名称由原来以局号为代称改用地名命名，因五局位于东四南大街，改称为东四分局（也称为东四电话局），局号55。

改革开放以后，为了满足与日俱增的通信需求，北京市电信局决定修建新"东局"。局址选在北京建国门内大街路北，东单北大街南口，称为东单电话局（该局是继呼家楼电话局之后北京市第二个程控电话局）。该局是"六五"期间国家重点建设项目之一，是市内东部地区新建的第一个大型市话汇接局，也是中国当时容量最大的市内电话局。建筑面积共25838平方米，占地面积约1.1公顷。1983年1月7日正式开工，1985年12月土建完工交付验收。采用国产HJ-941纵横制自动电话交换机，容量为1万门。

博物馆展厅内清代东局建筑模型

1983年，国家批准引进法国10万门E10B数字程控自动电话交换机改扩建北京电话网，其中1.4万门就安装在了东单电话局，局号512。原设计的东单纵横式汇接局（54局）改为端局，东单电话局也变为汇接局、端局混合局。

多次搬迁和频繁易名让"东局"的历史更显复杂，为了有所区别，电话局的人习惯把"东局"分别称为"老东局"和"新东局"，东四电话局被称为"老东局"，搬迁至东单电话局新楼之后的"东局"则被誉为"新东局"。1911年开通的老东局，由于年代久远，建筑老化等原因，内部设备陆续迁出，不再具备通信机房功能。20世纪90年代，正值北京电信大发展时期，北京电信管理局决定拆除旧机房楼，新建东四电话局。尽管这座旧楼见证了近百年来北京电信业的发展变化，而且已经被文物部门列入保护计划，但遗憾的是，1995年，北京仅存的这所清代电信建筑还是被拆除了（南局清代建筑已在解放初期拆除）。如果不是这样，这座老建筑将是北京通信电信博物馆最佳的馆址。现在老东局遗留下的实物只有那件当年的门楣，在博物馆中静静诉说着百年的兴替。

近代电报趣谈

莫尔斯发明的电报码称为"莫尔斯电码",它是通过手控制电键使电流产生通与断和不同时长的组合来表达复杂的文字信息。这是一个了不起的成就,它通过极有限的符号组合传达了无限的文字信息,已经具备现代数字通信的雏形。通常用"嘀"和"嗒"形容短和长两种信号,也分别记做"•"和"—"。比如字母S的莫尔斯电码是"•••",字母O的莫尔斯电码是"———",于是国际通用求救信号SOS转换成莫尔斯电码就是"••• ——— •••"(嘀嘀嘀、嗒嗒嗒、嘀嘀嘀)。SOS并不是某个单词或短语的缩写,它只是为了便于记忆和识别莫尔斯电码而确定的一个符号。二战时期,英国广播公司一些电台播放的前奏曲曾使用贝多芬第五交响曲的前奏,也就是大家熟悉的《命运交响曲》:Bah Bah Bah Bahmmmmmm……。贝多芬死也想不到,他的这些音符节奏竟然是莫尔斯电码的"•••—",也就是字母"V"(胜利的符号)。

莫尔斯电码的发送靠手来掌握,发报员要经过专业的训练,才能熟练按动电键,发送出正确的电码内容。电报员不但要具备手上功夫,耳朵功夫更是利害,因为收报端要靠耳朵听"嘀嘀嗒嗒"就能翻译出文字信息。任何一个报务员,都是既能发报又能收报的。后来电报机改良,有了克里特快机和韦斯登快机以及韦斯登波纹收报机才提高了收发报速度,并使操作趋于简化。

在奥斯特洛夫斯基的小说《钢铁是怎样炼成的》里面就有一段老报务员收报过程的详细描述,非常经典和传神,证明作者确实是有实际生活体验的。

这里展示两张清代电报的实物,这是通报1889年紫禁城太和门(第一封电报误认为是太和殿）失火的报文。这次太和门失火，正发生在光绪皇帝大婚之前，作为大婚重要典礼地点的太和门被不慎焚毁，重修是来不及了，光绪皇帝大婚时，只好临时用纸扎了一座太和门，这似乎给光绪皇帝凄惶的一生留下了不祥的预兆。

在这两张报文上，我们可以看到4个阿拉伯数字一组的电报码，这种电报码是为汉字专门编制的，称为汉字电报码。中国的汉字与西方的字母不同，一种文字的字母一般只有二十几个或三十几个，再加上数字和标点符号，几十种符号足以代表。如何用电报传递非常多的汉字（常用的也有几千个）成为电报进入中国后遇到的最大难题，这类似于当代计算机传入中国后的汉字输入问题。目前已知最早把这种四位中文电报编码整理出来是在1873年，一个驻华的法国人叫威基杰，他参考《康熙字典》的部首排列方法，选了6800个汉字，编成《电报新书》。后来清末维新派代表人物郑观应把这本书改编了一下，使之更适用于中文，增加了更多汉字，改名叫《中国电报新编》。这个郑观应可不简单，是真正的电报行家，曾任上海电报局总办、汉阳钢铁厂总办等职，有《盛世危言》等著作。从此这种电报码便成为中国电报长期以来采用的编码系统，直至现在。虽然其间多次修订补充，但基本方法

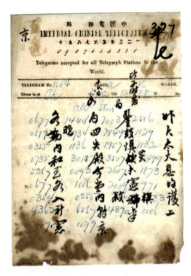

1889年通报紫禁城太和门（电报中误为太和殿）失火情况的电报

通报太和门失火情况的后续电报

1873年法国人威基杰编的汉字电码本——《电报新书》

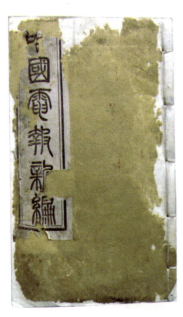

郑观应改编的汉字电码本——《中国电报新编》

至今未变。我们用现在出版的《标准电码本》依然可以翻译光绪年间的报文。

以现在的眼光来看，四位汉字电码是一种最简单的编码，它不用什么技巧，单纯靠蛮力。每一个汉字用4个阿拉伯数字的组合表达，比如2621（李）、7703（鸿）、4545（章）。发报员只需把这12个数字发出去，收报员就能根据这12个数字重新翻译成"李鸿章"。我们如果写下这么一串数字：1597 1138 7022 2111 0110 0455 1138，做过电报员的人一眼就能认出，这是"师夷长技以制夷"七个字，不错，就是晚清思想家魏源那句著名的口号。从电报引进中国直到20世纪90年代电报衰落，一百年间，中国任何一个报务员都要熟记几千个汉字电报码。

说来有趣，清朝时电报局接收到电报，送给收报人的只是这样一张写满数码的纸，电报局不管翻译电文，收电人要自己对照电码本译电。因此近代那些与电报有接触的政府要员、民间商董、学者教授等都要随身带上一本电码本，以备随时翻译电文。民国以后电报局可以为收报人翻译电文，但要收取译电费。

上面说的汉字电报码，称为"明码"，通行世界，只要有一本《标准电码本》，谁都能翻译电报，与之对应的是密码电报。用数字代表汉字的电码给加密提

当代的汉字电码本

供了方便，只要收发电双方事先约定一种加密方法，然后按照这个加密规则发电，收电人再按照规则解密，即可读出内容。这之间的环节，即使电报局也不会知道电报的真实内容。

加密的方法有很多种，比如自己制定一套独立的电码，只有具备密码本才能翻译电文，密码本要由专门的机要员负责保管。还可以在真正电文前后增加一些与正题无关的内容，从而增加截获者破译的难度。在1895年中日甲午战争之后，李鸿章去日本谈判战后条约，他与清政府间往来的密码电报均被日本破译，谈判时完全被牵着鼻子走，最终不得不签订了近代以来最屈辱的《马关条约》。可是日本不会想到，事隔10年之后，日本与俄国发生战争，俄国窃取了日本的密码本，又通过在大北电报公司国际电报局工作的俄国间谍，对日俄谈判期间，日本代表与国内的往来密电进行了留底，从而破译了谈判电报，掌握了日本的底牌。谈判桌上，日本代表极其被动，从军事上的战胜国变成了外交上的战败国，正应了那句话："出来混，迟早是要还的"。无线电报广泛应用以后，截获和破译敌方密码更是愈演愈烈，演化为战场之外的"密码战"。

电报是按字数收费的，电报开办初期，价目较高，在努力节约字数、惜墨如金的同时，中国人发明了一种"韵目代日"的方法。发明韵目代日的人叫洪钧，是晚清的外交家。韵目是中国传统音韵学的概念，要学写诗词，首先要学韵书，知道怎么押韵。韵目代日就是从《韵目表》中挑选出来代替日期的韵目，总共有30个，分别代表30天。后来又添上一个《韵目表》中没有的"世"，代表"三十一日"。同时用地支代表月份，比如"十二月二十七日"，用韵目代日就写作"亥感"二字而已。当时使用电报的都是读过书的人，对韵目可以说了如指掌，因此这种方法很快普及。我们在阅读晚清或民国时期文献的时候，经常会遇到这个现象。最著名的例子就是1927年5月21日国民党军官许克祥发动了"马日事变"，还有汪精卫于1938年12月29日发出的公开投靠日本的电报被称为"艳电"。21日和29日在韵目代日里，分别是"马"和"艳"。这种方法在电报领域一直沿用到新中国成立初期，前后使用了70余年。

说到拟电报稿要惜墨如金，在民国时期，有一个最短电报的故事。传说一代文人沈从文苦苦追求才女张兆和，还发了封电报给张兆和的姐姐张允和，请她代自己向张兆和父母提亲。过了几天，沈从文收到张允和的回电，全文只有一个字："允"。这一个字既代表了提亲的结果，也是张允和的落款留名，真可谓是不能再短了，于是留下一段"半字电报"的佳话。

也有一种不惜笔墨的电报，那就是"通电"。熟悉民国史的人都知道，通电在民国史上出现得极为频繁，深深地渗透到那一段历史中。民国初期，各界对通电挚爱无比，乐此不疲，我们读民国历史的时候，经常遇到"通电全国"这样的字眼。一般的电报是点对点，一对一的发和收；而通电则是点对面，一对多的发收，电报回路上所有接入的终端都收得到，类似于我们现在的手机短信群发。有人做过统计，自1912年至1927年，有案可查的通电达到400余次（不完全统计），其中1922年达到97次，1927年以后逐渐减少。

民国时代没有电视，无线电广播也刚刚起步，新闻报纸传播范围有限，速度又慢，而通电能够以最快方式把自己的主张传遍全国，抢占舆论阵地制高点，所以大受政客欢迎。通电实际上属于"公开信"的一种，它是某个政党、团体或个人为了公开表达自己的政治主张而使用的通讯手段。喜欢发表公开信，也是民国人的一大特点，那时结婚离婚都要登报声明一下。另外一种内容的通电，就是表明自方立场，揭露对手，代众讨伐，鼓动群众参与斗争，往往写得慷慨激昂、声泪俱下，其实就是古代战争的檄文。比如蔡锷等人在云南发出著名的《讨袁通电》，拉开"护国运动"的序幕。

通电虽好，却不是一般人能发得起的。以1928年交通部颁布的标准电报价目为例，国内电报每字为银元一角。那么要发一封1000字的全国通电，就要大洋100元，即使按政府公务电报算，也要50大洋。要知道，这只是发往一处一封电报的价格。要起到通电全国的作用，起码覆盖全国200多个一二级电报局和30多家大报馆，我们以200处计，就总计需要大洋两万元。这是什么概念？在当时一个大洋可以买18斤面粉或30斤小米，电报局一等科员的月薪为100大洋，也就是说，这一封全国通电的价格，可以购买180吨白面，或者300吨小米，或者一个一等科员不吃不喝把工资攒16年多！可见即使是小范围的通电，也不是谁都发得起的。军阀割据期间，这些长达数千百字的通电，发电者往往有权有势，他们不会按电报价目老老实实地如数把大洋交给电报局，而是依仗手中军政大权，拖欠、折扣、截留电信资费，或任意提高自己的电报等级，滥发加急电报和一等电报，占用有限的电信资源，给电报局造成巨大的亏空和麻烦。

最后，我们来做一个有趣的实验。请在中文版WORD软件里输入：=rand(1,1)，回车，立刻就会出现这么一句话："那只敏捷的棕毛狐狸跃过那只懒狗"，异常有趣！改变括号里的数字，这句话重复的数量也会改变。据说在WORD 2001以前的版本中输入这个代码，就会出现这句话的英文原句："THE QUICK BROWN FOX JUMPS OVER THE LAZY DOG 1234567890"。这与电报有什么关系呢？原来这句英文中包含了26个字母和10个数字，人们在电报线路校验时曾使用过这句话。在20世纪60年代，美苏建立热线时，首先传送的就是上面这句话。这句"狐狸和狗"的话方便直观，易于记忆，可以把双方电传打字机的所有按键和字符检验一遍，已经成为电报行业中的"名言"。有意思的是，在今天的WORD中为何要收藏这句话，还不清楚。

争抢无形的电波

这里，我们讲一讲近代中国的无线电通信。1896年前后，意大利人马可尼与俄国的波波夫先后发明无线电通信；这种便捷的通信方式很快就进入了商用，随着列强的脚步来到了中国。清政府也很早就注意到无线电这个更先进的洋玩意儿。

直隶总督兼北洋大臣袁世凯于1905年7月在天津设无线电训练班，聘请意大利人葛拉斯为教师，培训无线电技术人员。同时委托葛拉斯代购无线电报机多部，安装在北京南苑行营和海圻、海容、海筹、海琛四艘军舰上，开始使用无线电进行军事联络。次年在南苑、天津、保定正式设无线电台，功率均为1.5千

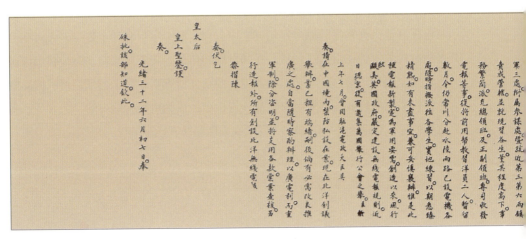

1906年袁世凯设无线电台奏折

瓦，当时使用的是中波通信，波长600米。

由于无线电台安装方便，使用灵活，无需架线，使得列强更加肆无忌惮地在中国的领土、领海上安装使用。尽管清政府明令不准任何国家和个人在中国私设无线电台，但日、美、法、英、俄等国仍偷偷在中国境内私设。清政府发现后，经常是交涉无效，最后只好采用高价收买的方式，移装在中国的电报局内。

1911年4月，德国德律风根公司向清政府申请，要求在北京与南京之间进行远距离无线电通信实验，几经商洽，得到清政府许可。于是在北京的东便门与南京狮子山安装5千瓦无线电台，频率为150千赫至500千赫，通信距离白天1200公里，夜间2400公里，实验效果良好。商人的目的是盈利，德国人不会白白下这个本儿，实验成功，他们的算盘就来了，要把这电台卖给清政府。这次清政府没有答应，理由是北京与南京间的有线电报很畅通，很好用，我们不需要无线电台。没想到几个月后，辛亥革命爆发，各省先后响应，南北有线电报阻断，停止收发电报。此时湖广总督瑞澂从武汉乘军舰逃到南京，只好用军舰上的无线电台与南京狮子山的电台通报，再由狮子山与北京东便门电台联系，从而沟通与清政府的消息。此时清政府意识到这个无线电台的作用，由海军部出面与德国公司协商购买电台，德国公司岂能放过这个赚钱的机会，狠狠敲了一笔竹杠，以高价卖给了清政府。无线电并没有延长大清国的寿命，清政府很快也就在辛亥革命的炮声中彻底垮台了。

中华民国成立后，由交通部总管全国电信交通，但连年的军阀割据混战局面，使得各方电信各自为政，难以完全统一，因此有线电信网时通时断，难以保证通信。有线电报的困境，使各方对无线电通信极为关注。北洋政府时期，无线电通信炙手可热，交通部、海军部、陆军部各自为政，都抢着与外国订立修建无线电台借款合同。1912年，交通部向德国订购火花式电台5部，分别装在张家口、吴淞、广州、武昌、福州。1918年，陆军部与英国马可尼无线电公司订立军用无线电借款合同60万英镑。这笔借款其实只有一半用于购买机器，另一半挪作军用了。这30万英镑从马可尼公司高价购买了200台军用无线电台，分发到陆军各师使用，到20世纪30年代陆军中还有一些此时配发的电台在使用。而且借款合同还规定，在借款未还清前，中国购买无线电台必须选择马可尼公司产品，即使中国将来自己开设无线电工厂，也要先向马可尼公司申请，以便商议合资合办事项。外国电信公司企图垄断中国通信市场之心昭然若揭。同年，交通部也向该公司借款17万英镑，购买25千瓦弧光式长波无线电台3部，分别安装在兰州、乌鲁木齐、喀什噶尔。海军部也不甘落后，与日本三井洋行订立借款合同，建设北京双桥无线电台。

我们知道，早在19世纪80年代，丹麦大北、英国大东两个电报公司通过海底水线已经垄断了中国的国际通信。而日本一直无从插手中国通信，早已蠢蠢欲动，寻找一切机会，加入电信列强行列。这个机会终于来了，这就是双桥电台。在交通部、陆军部与外商借款建设电台忙得不亦乐乎之际，日本不甘落后，终于从海军部打开突破口。日本凭借自己拥有最先进的高频电台制造技术，急于在中国建立用于国际通信的无线电台，既可推销自己的产品，又可加入英、丹垄断中国国际通信的行列。遂与海军部一拍即合，拟定在北京东郊的双桥建立一个用于国际通信的大型电台，功率为500千瓦，可以直接与日、美、欧洲等地通报。1918年2月，由当时的海军总长刘传绶与日本三井洋行订立借款合同，借款总额53.62万英镑。合同特别规定，在30年内，日本在中国有无线电国际通信的独占权，其他国家甚至中国政府自己也无权在中国开设国际通信电台，而且如果中国对双桥电台经营不善造成亏损，不能以电台盈利偿还借款时，即可由日本接管经营。看看，日本不插手则已，一插手就想来大的，正如后来那个一上来就要灭亡中国的《二十一条》一样。按此合同，中国的无线电通信简直成了日本的天下！双桥电台于1920年开工，但建设质量不佳，与合同约定不符，海军部拒不接收，一再返工，一直拖到1923年才正式竣工。

海军部与日本三井洋行借款建成的双桥电台

正是这个双桥电台，才引起又一场列强在中国的国际通信争端闹剧。原因是三井洋行的贷款条件过于苛刻，引起交通部的极大不满，而且国际通信本来就是交通部的职责，你海军部又有什么权力代表政府大包大揽把国际通信主权交给日本呢？同时所谓日本的独占权，也引起英、丹、美

双桥电台天线

各国的强烈不满。真所谓"你方唱罢我登场"，在双桥电台尚未完工前，交通部于1921年1月，又与美国加州合众无线电报电话公司订立了中美无线电报合同，借款462万美元，在上海设1000千瓦弧光无线电台一座，与世界各大国无线电台直接通信；在哈尔滨、北京、广州、汉口四处各设600千瓦电台，均可与日本、新加坡、菲律宾、旧金山直接通信。这简直是对日本"独占权"的公然挑衅，日本反应迅速，几天后就向中国提出抗议，接着英国也提出抗议，借口中国违反了1918年与英国马可尼无线电公司合同中规定的优先购买该公司无线电设备的条款。同时，丹麦公使也应声而出，叫嚷中美合同与中国"许以丹国大北公司及大东公司之特权，大相违反"。……一时沸沸扬扬，对此穷于应付的交通总长叶恭绰被迫去职。后来日本又提出抗议加威胁十余次，美国也不甘示弱，抱着他们的"门户开放"政策，要求各国在华应该商机均等，拒不承认日本的独占权。北洋政府进退维谷，交通部"质问纷来，几无宁日"，闹得鸡犬不宁。此案一直拖到北洋政府垮台，始终没有得到解决。这个中美借款国际电台合同，并没有实际开工建设，最终不了了之。

听到欧洲的声音

中国在清政府时期就与英国、丹麦、美国等签订水线（海底电缆）合同，中国的国际通信完全由这些国家垄断，包括外电新闻的抄收，也由英国路透社把持。民国以后，国际通信仍然要依赖这些国家，所以这些垄断合同依然有效。1913年12月，北洋政府与大北、大东电报公司续订1899年的水线合同，规定两公司的水线继续享有为外洋通信的独占权，直至1930年12月31日止。

1913年，北洋政府成立了北京无线电报局，装设5千瓦无线电发报机，地址在东便门外。1919年4月，北京无线电报局迁到天坛，在北京无线电报局东便门原址设立远程收报处。这个时候，正是第一次世界大战结束后，各国代表在法国巴黎举行著名的巴黎和会。中国由于加入协约国集团，以战胜国身份参加和会。当时牵动全国人民的是山东主权的归属问题。对山东青岛等地，日本早已觊觎多时，企图利用和会之机，操纵和会，把山东再次转入日本之手。一时间，巴黎和会成了全中国四万万人共同关心的大事。中国代表团在巴黎期间，收到国内各界发来的越洋电报7000余封，在巴黎的中国留学生也多次到代表驻地，强烈要求中国代表收回山东主权，拒绝在合约上签字。以巴黎和会为导火索，中国国内爆发了著名的"五四"爱国运动，要求收回青岛，拒绝合约签字。北洋政府给和会代表们最初的意见是同意签字，看到民众情绪如此之高涨，竟不负责任地致电代表团"对于合约签字问题……审度情形自酌办理"，把责任完全推给了和会代表们。就在最终签字前两天，又不得不做出一副强硬姿态，给代表团发电报要求拒绝签字。按当时的国际电报速度，这封电报在签字前是不可能送到中国代表手中的，因此签字与否，责任之重，完全在中国代表手中了，可见当时中国代表们顶着多大的压力。

当时中国国内有关和会的消息，要通过大东、大北水线和美国太平洋水线传递，并由英国路透社垄断发布。路透社有意偏袒日本，往往擅自改动电文或者故意拖延。中国当时还没有远程无线电收音机设备，以至任人操纵。当时北京远程收报处的负责人吴梯青感到责任重大，必须依靠自己的力量打破外国人对国际新闻的垄断和封锁。于是利用现有材料装配成超外差式十灯真空管无线电接收机一部，在东便门外架设了3公里长的天线，指向巴黎方向。由于是自己组装的器材，比较简陋笨重，也没有录音机和扩音器，只能用耳机收听，不过这台接收机性能良好，各国电台的信号基本上都能收到。为了保证抄收质量，又从北京无线电台选调优秀的收报员，日夜轮班收听。中国从此直接收听到了来自欧洲的声音，不必再经过外商控制下的水线来了解世界。

交通部制订的新闻电报章程

合约的最终签字日期是6月28日，当天午夜，收报处收到了和会签字的消息，其中有"Chi……代表拒绝签字"的报道。当时正是夏季，雷电强烈，杂音干扰很大，收到"Chi"三个字母后，杂音震耳欲聋，无法收听。只好在"Chi"后注明"因天电强大，听不清楚，致电文漏抄"字样。为慎重起见，吴梯青等人查了当时与会各国的英文国名，以"Chi"开头的只有中国（China）和智利（Chile），但此时会议的议程是讨论中国的山东问题，与智利无关，因此可以断定这是中国代表拒绝在合约上签字的消息。吴梯青意识到这是关系着中华民族命运的极其重要的消息，于是立刻带上电文，星夜叫开东便门城门，准备向交通部报告。当路过西长安街新华门时，看到总统府外露宿着一大群学生，这些学生肯定是为山东问题而来的，他们要求政府致电中国代表，如果不能收回青岛和胶济铁路，就拒绝签字。吴梯青当即就向学生们宣读了接收到的电文，传达了中国代表已经拒绝签字的消息。学生们受到极大鼓舞，立刻欢声雷动，表示初步的要求已经达到，于是整队回校，同时表示还要联合全国学生，继续斗争，直至完全收回国家领土主权。

次日一早，这封电文报告到交通部，并转交法国纳世宝通讯社进行转播，从此打破了大北、大东、太平洋三家电报公司在华垄断传递国外新闻的局面，这也是中国电信部门自主开办国际新闻业务的开始。

没想到短短几个小时后，路透社北京分社社长就领着英、丹、美三国海线公司的代表到交通部交涉，认为违反中国政府与各公司所订的相关合同。交通部把"罪魁祸首"吴梯青推了出去，去向几家公司做解释。吴的答复是，当年的水线合同是清政府时期签订的，那时越洋通信唯一的手段就是水线，还不知道以后会有无线电通信，因此仅凭清政府时期的水线合同，就想阻碍人家使用新的科学技术发明，从而长期垄断别人的电信事业，这难道算公平合理吗？而路透社强调，既然电文中有几个字漏掉，就不应传播，否则就是谣言惑众。吴梯青把当时收听核实消息的具体情况进行了答复，确认这个消息不会错误。最终这些来势汹汹的上门客无言以对，只好相继退去。后来路透社也嫌水线传递消息过慢，改用无线电收发消息，并与北京远程收报处订约，代其收取国外新闻。

民国初年，虽然各方纷纷向外商借款建立国际电台，但多数并无结果。我国第一个正式的国际无线电台是在沈阳建立的。20世纪20年代，奉系军阀张作霖割据东北三省，张学良、杨宇霆、常荫槐等人希望能建设一座大型电台，不但可以做国内远距离联络，还可以直接进行国际通信。当时张作霖对大电台还不感兴趣，通过一番努力游说，张学良等人取得张作霖的同意，1927年6月，向西门子公司订购10千瓦短波电台并竣工，与德国建立了双向通报电路，这是中国与欧洲直接通信之始。电台建成时，张作霖亲来揭幕，并把第一封电报发给了法国的福煦元帅进行问候，以示对福煦元帅两年前给正吃败仗的张作霖莫大鼓舞勉励的感谢，福煦元帅立即回电，祝贺电台建成。没想到一年后，张作霖命丧皇姑屯。

1928年底，南京国民政府在形式上统一了全国，急需在南京附近建设直达欧美的国际电台。南京政府选择了订购美国（20千瓦~40千瓦）、德国（2千瓦)、法国(9千瓦~15千瓦)各家短波电台设备,在上海建设国际电台。发信台设在真如区,收信台设在刘行区,在枫林桥设支台,在外滩沙逊大厦(今和平饭店)设中央控制室和营业厅,总称为国际无线电通信大电台。1930年12月6日,国际电台落成,与旧金山、柏林、巴黎建立了直达无

1927年建成的沈阳国际无线电台

线电报通信。这个电台曾是远东最大的无线电台,直至现在仍是国内较大的短波电台。

最后我们还要提一提那座倒霉的双桥电台。按最初设想,双桥电台应该是我国最早与国际直接通信的无线电台。但1923年电台竣工后,实际效果与合同约定不符,再加上这个电台在国际国内争议巨大,后面还有无休止的官司在等着,所以海军部一直拒不接收,交通部当然更不会接这个烫手的山芋,去替海军部擦屁股,结果把日本搁在了那里。1928年国民政府定都南京后,在上海建成了大型国际电台,北平的国际电台更非必要,何况北方还有沈阳的国际电台在发挥作用。可能这座电台对于中国和日本都是不甚光彩,所以此后关于这个电台在中方和日方的资料中都很少提及,笔者不敢妄断,猜想大约是像个烂尾工程一样,一直作为不良资产保留在那里。直到1937年日军占领北平后,日本内阁决定在北平建立大型广播电台,从此双桥电台由通信电台改造为广播电台。1945年抗战胜利后,国民政府派接收专员到北平接收日伪设施,由于当天雾大,搭载接收人员的运输机机翼撞在双桥电台200米高的天线上,造成机毁人亡的惨剧,不得不再次派员接收。北平解放后,双桥电台在1949年第一季度就修复完毕,恢复播音,因此编号为491电台,获得了新生。开国大典上新中国诞生的声音就是由双桥电台广播的。新中国成立初期,双桥电台担负着中央人民广播电台第一套(640千赫)和第二套(720千赫)节目的广播。

日伪政权与通州电信

通州，是著名的京杭大运河的起点，曾经是南北漕运的交通枢纽，商贾云集。因其位置重要，一直是京畿重镇，素有"一京（北京）二卫（天津卫）三通州"之说，因此境内电信事业发展较早。早在清朝光绪九年（1883）津沪电报线即延伸至通州，设立电报局，成为北京电信通信的开端。1916年北京电话局在通州设立分局，安装100门人工交换机。1930年河北省建设厅在通州设长途电话局。日伪政府成立前通州城内电话用户已有相当数量，主要是政府机关和各大商号。

由于日本侵略者久有占据华北乃至全中国的野心，"七七"事变前即开始在华北扶植傀儡政权、制造分裂活动。1935年11月25日，国民党滦榆区行政督察专员、汉奸殷汝耕在日本关东军特务机关长土肥原策划支持下宣布冀东22县自治，脱离国民党河北省政府，在通州成立"冀东防共自治委员会"，12月25日改称"冀东防共自治政府"，成为日本扶植下的傀儡政权，殷汝耕自任"政务长官"，在通州大兴土木，建设伪政府机关及豪华长官官邸，当时被民众咒为"鬼宅"。伪政府以通州为"首都"控制了冀东22县43个长途电话局的通信，并架设通州—唐山、通州—昌平等地及连接长城各关口的长话线路。由于伪政府"旨在防共"，各乡镇也扩充了警备电话线路，在三间房（今属朝阳区）、八里桥等处增设警备所，安装联络电话，各日军据点也装有联络电话，形成了较为严密的地方通信网络。

1936年，伪冀东政府将通州电信机构全部合并，包括原来的电报局、电话分局、长途电话局等，理由为"通县长途电话局设于政府所在地，为全区

1937年建成的通州电话局

二十二县传达政令之重心，即全区四十三处局呈报话务之总汇，关系重要情形特殊，将该局局址迁移并扩充机线方免陨越"。1936年底通州电话用户有91户，话务量最忙时每话务员每小时接线190次。1936年12月，伪政府在通州新城北大街（现称中山大街，当时局址即现在的中国联通通州镇分局所在地）新建"通州市电话局"，其建筑为二层楼房一座，据称是当时通州唯一的新式建筑。1937年3月竣工，向当时的伪满洲电信电话株式会社贷款150万日元，安装300门日本富士电机厂生产的西门子式步进制自动交换机。1937年6月自动电话开始通话，初始时有用户220多户，这是北京地区首次使用自动电话。这300门自动交换机及该楼房一直沿用到20世纪70年代末。

伪冀东政府成立后，遭到全国上下的声讨，以张庆余、张砚田为首的冀东保安队不甘心做汉奸政府的统治工具，俟机起义。卢沟桥事变以后，日军大举进攻华北。1937年7月28日，日军逼走国民党二十九军后将驻通州的日军主力调往南苑，只在通州留有110多人。张庆余、张砚田认为时机已到，于7月29日凌晨率部起义，首先断绝了城内交通，又占领了电话局及广播电台，对日本驻屯军展开袭击，并包围伪政府，将其付之一炬，活捉了汉奸殷汝耕，同时在城

伪政府设立的"满洲电电社员殉职纪念碑"

内捕杀日本人。据说当时在北平城楼上都能见到通州城内的浓烟。但是在日军航空兵和地面部队不断增援下，起义部队终因众寡悬殊，伤亡惨重，只得突围撤退，通州城又落到日军手里，殷汝耕也在押解路上被日军劫走（日本投降后，被国民政府以汉奸罪判处死刑）。此次起义共消灭日军、伪警及日韩浪人近300人，保安队也有重大伤亡，由万余人剩下4000多人。该事件被称为通州事变或通州反正事件。事后，通州的自动电话停止通话，日军开始了对通州城的残酷统治和镇压。后来伪政府为"纪念"此事件中，在电话局丧命的"满洲电信电话株式会社"派来支援电话建设的日本人，在电话局内立碑，名为"满洲电电社员殉职纪念碑"，抗战胜利后石碑被移走，现在矗立在通州小街村京津公路旁，成为日本侵华的有力罪证。

1937年12月，伪冀东政府代理政务长官池宗墨委派建设厅长任国栋与日伪在北平设立的"华北电政总局"顾问浅原庆一签订协议，由"电政总局"接管通州电信，将自动电话交换机整理通话。"华北电政总局"次年1月1日正式成立。

1938年8月，"华北电政总局"改组为"华北电信电话股份有限公司"，简称"华北电电"。华北沦陷区的电信通信完全由日本控制了。1940年9月将通州电话局与电报局合并，称"通州电报电话局"，隶属于"华北电电"。同时为加强日伪统治、控制整个沦陷区的电话通信，在县署内设警备电话管理所，扩充农村地区电话线路，到1941年共有28条连接乡镇的警备电话线路。

1945年日本投降之时，通州共有城内电话用户275户，其中日本人占30余户。据当时电话局交接档案记载，通州电报电话局的局长是名叫藤卷东二郎的日本人。抗日战争胜利后，国民政府交通部电信总局第七区电信管理局接管通州的电信设施，成立通县电信局，通州的电信通信进入了国民党统治时期。

"华北电电"与北平电话

在清朝末年，北京的电话已经有了很大发展，除了建成南局、东局两个大型电话局外，还在西单、南苑、海淀西苑等处建了小型的电话局，交换机总容量已经达到3000多门，电话用户2100多户。时光匆匆，此后短短二十几年中，北京经历了清帝退位、袁氏当国、北洋政府、首都南迁、日本入侵等一系列巨大变革，这座古城更增加了历史的沧桑与厚重。

1937年卢沟桥事变之后，日本占领北平，由日方的"京津通信局"完全控制了沦陷区的通信。与此前日本在中国东北和通州情况类似，侵略者很快扶植了地方伪政权。1937年12月，日本扶植下的北平伪政权粉墨登场，自称"中华民国临时政府"，以取代南京政府。

通信，自然是日本侵略者首先要把持住的，1938年1月1日正式成立了"华北电政总局"，8月1日又撤销了"电政总局"，成立"华北电信电话股份有限公司"（简称"华北电电"），把北平原有的电报、电话、无线电设施全部纳入旗下。这个"华北电电"总部位于西长安街原交通部旧址，名义上是中日合办，其实实权完全操纵在日本人手里，是日本在华的经济侵略组织。之所以把电信、电话并列，是有原因的。按我们现在的概念，电信泛指任何以电能作为信息传递载体的通信方式，自然包括电话在内。而在日语中，"电信"是电报的意思，所以所谓"电信电话股份有限公司"其实就是电报电话公司。他们还有个"电电一家"的公司口号，就是把电报与电话合并一处，亲如一家。"华北电电"成立以后，首次在电话接线员中招收女职工，在此之前，话务员都是

1938年"北京电话局"招收女话务员

男性,从此北京电话局有了女话务员。同年11月,"华北电电"在公司总部院内设立了电气通信学院(1940年迁到地安门外棉花胡同),培养电信技术人员。从1938年到1944年,一共培养学生3000多名,绝大多数是中国人,也有少数日本人。在北京电信局离休的老同志中,有不少是从这个通信学院毕业的。抗战胜利后,国民政府交通部接收北平的电信设施,成立北平电信局,对这些日伪时期参加工作的职工进行了百般"甄审",找出种种理由,辞退了一大批人。

日本侵略者对老北京很有"感情",他们的计划是把北平建成侵华的后方基地以及东京之外的日本第二个首都。

日本占领之前,北平的电话数量已经很多,但技术却比较落后,这些电话全部是人工转接的,而且很多机线已经老化,难以更新。日本对改造北平的电话可以说下了大力气,在东皇城根(今东黄城根北街)北口新建了电话北局,在原南局和东局院内新建了机房楼,安装了日本生产的步进制自动电话交换机一共15600门。1940年7月21日零时,东局和北局自动电话同时开通,"华北电电"为此举行了盛大的仪式和庆祝宴会。7月20日深夜,二百多各界来宾齐聚在东局新机房的楼顶上,志得意满的日本总裁井上乙彦亲自致辞。南局自动电话于一周后开通,东局、南局、北局的局号分别为5、3和4,这是北京城历史上第一次使用自动交换机,也是北京电话建设的一次大换血。"华北电电"还从1938年开始在北平与天津间埋设了无负荷地下电缆(不装负荷线圈),使用载波技术进行长途电话传输,这也是北京第一次使用载波技术。20世纪90年代初,大兴黄村与市内之间还在用着日本人当年埋设的地下电缆。

随着日军占领北平,大量日本人流入北平居住,尤其以日本机关林立的东城最多,比如铁狮子胡同(现在张自忠路)原清代陆军部海军部旧址就是日本

"华北电电"总裁井上乙彦在自动电话开通宴会上演讲

1940年建成的电话北局,是现在北京通信电信博物馆注册馆址

驻军司令部和特务机关驻地。以1942年为例,北平的日本电话用户占总用户数的32.5%,而在东局的4960个电话用户中,日本用户竟然有2537户,占到一半多。日本人安装自动交换机,更多的是出于通话保密的角度考虑。自动交换机

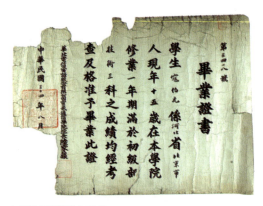

电气通信学院毕业证书

不再由话务员人工转接,而是通过电话拨号直接驱动交换机的机键动作,找到被叫号码。这样一来,日本人的通话就难以被随时监听,减少了他们在军事及统治上的被动。

说起自动交换机,还有这样一个故事。步进制自动交换机源于美国堪萨斯城的殡仪馆老板阿曼·史端乔。1889年以前的电话通信都是人工转接的,史端乔的客户都是通过话务员与史端乔联系业务。他的同行就以重金买通了电话局的值班话务员,把联系殡仪馆业务的电话都私下接到了自己的电话上,致使史端乔的生意逐日下降。当史端乔发现是话务员在捣鬼时,十分生气。为了根除电话上的不良人为因素,史端乔毅然放弃了经商,开始了历时三年的潜心钻研,终于在1889年制成步进制自动电话交换机和拨盘式自动电话机并获得专利权。1892年,步进制交换机在美国印第安纳州的拉伯特城投入使用,成为了世界上第一个自动电话局,由此开创了电话自动交换系统的先河。

步进制交换机由若干组可以旋转、上升的选择器组成,这些选择器在电话机拨号时发出的电脉冲驱动下,一步一步最终找到被叫用户,因此称为"步进制"交换机。但是这种交换机靠滑动接点接续,磨损严重,而且噪音非常大。

日本在北平建了自动电话局,其管理权完全由日本人掌握,技术工作也全部由日本人担任。据曾在日伪时期工作的离休老同志回忆,当时的技术工作中国人是不许上手的,否则就要被抽嘴巴。曾在"华北电电"的电气通信学院学习的老同志寇伯元回忆说,他们是"学院"最后一批学生,日本投降的时候,他们还没有毕业。有一天全体师生被集中到操场,宣布重要的事情。然后广播了日本天皇宣读的"停战诏书",虽然当时他们要学日语,但是因为大家普遍抵制,学得并不好,所以听不太懂。只是感觉那些日本人都垂头丧气,有些日本学员甚至开始掉眼泪,等确认是日本投降了,大家心花怒放,喜极而泣,

镇馆之宝——安装在北平电话北局旧址内的A29式步进制电话交换机

"学院"也匆匆给他们颁发了毕业证书,草草收场。

日本人对在中国华北的电信建设还是相当满意甚至"自豪"的,为此30年后还特意编写了一本《华北电电事业史》,详细记述了这段过程。有一位曾在"华北电电"时期在大兴黄村电台工作的日方技术人员,20世纪90年代再次来到黄村故地重游,不想竟然遇到了当年在黄村电台做门卫的中国老同事。转眼半个世纪过去,两位老人百感交集,相拥而泣……

1940年安装的这些自动电话交换机,在中国技术人员的精心维护下,一直在北京电话网上运行到1994年才全部淘汰。一种电信设备,服役超过半个世纪,极为罕见。现在北平电话北局旧址(A馆)的机房内,作为北京通信电信博物馆的一部分,特意保留了200门当时的自动交换机作为展示。这些交换机现在仍可以加电运行,并且可与公网连通,既是日本侵华的实物见证,也是全国乃至全世界都绝无仅有的通信活化石,是北京通信电信博物馆名副其实的镇馆之宝。2011年,北京市政府把北平电话北局旧址机房楼列为市级文物保护单位。

东营，远去的背影

这里所说的"东营"，是北京通信历史上一处著名的通信枢纽建筑——东长安街电报营业处。现在的年轻人可能根本没听说过这个名字，即使年纪大一些的人也未必清楚，但是，东营，这个亲切的名字，却在一批老电信职工心中留下难以抹去的记忆，也承载着北京电信行业的一段特殊岁月。

1884年，电报线进京城后，设了官电局和商电局，这两处电报局都在世纪之交经历了巨大变故。商电局被义和团焚毁，官电局被八国联军强占。紧接着大东、大北两电报公司乘机把商电局的业务移到东单二条胡同，占用翁同龢旧宅的马厩续办。这里离使馆区很近，以方便各国使用。大北电报公司还在李鸿章进京常住的贤良寺（今校尉胡同小学一带）开办了电报房。两家电报公司与联军一起，乘乱敷设大沽至北京陆线、上海至北京水线等电报线路，代管把持了北京与外界的电报联系。尽管这些已经明显违背了当初与清政府签订的相关合同，但战争面前，盛宣怀高超的商务谈判也无能为力，只好签订高价赎买的合同，从长计议——毕竟此时大清国的慈禧太后和光绪皇帝还都在外头逃难呢。后来，八国联军把强占的总理各国事务衙门电报局交还了清政府，此时已经改称外务部电报局，不过还需要由大北电报公司把持的东单二条电报局接线。（在赎买本利没有还清前，电报局仍由大北公司代管）

到1907年，清政府决定购地在北京城内东长安街12号，也就是东单二条胡同路南，翁同龢旧宅商电局的前方，自建北京电报总局。电报局主楼是一幢4层框架结构楼房，建筑总面积3360平方米，主体3层，包括钟楼共4层。采用了西洋建筑风格，在当时还是很壮观的。民国以后，被称为东长安街电报营业处，

1907年清政府在东长安街建北京电报总局，一直沿用至北京电报大楼建成后

老职工们都亲切地称之为"东营"。

北京电报总局正门原在东单头条，后门在东单二条，头条至东长安街之间原有房屋被拆除后，面临着东长安街。电报总局门前挂着龙旗，表示这是清政府所属的机构，与后门挂丹麦国旗的大北电报局形成鲜明对比以示区别。笔者推想，清政府之所以在这个地方建一座宏伟的电报总局，其一是此地确实地理位置合适，其二恐怕也是与大北电报公司故意斗气，盖一座大楼在你门前，压你一头，唱唱对台戏。

电报总局负责收发各地和北京18个分支局的电报，1909年，总局与全国各地（除西藏外）初步构成大体完整的有线电报干线通信网，通信设备装有莫尔斯电报机30余部和韦斯登电报机2部，员工从开始时的107人增加到132人。

日本占领北平后，"华北电电"撤掉东单二条的大北电报局，把北京电报总局改建为"北京中央电报局"，成为华北地区的电报业务中心局，职工达到500多人，其中日本人近200人。1945年，国民政府接收后，正式命名为北平电信局东长安街营业处，曾划定"东营"为一等甲级电报局。1948年，"东营"职工有470多人，无论人员、设备均为南京国民政府统治下的极盛时期。北平解放后，应新华通讯社申请，"东营"开始承担新华社国际英文文字广播业务。1949年6月，"东

日伪时期"北京中央电报局"内工作场景

营"与全国25个省、市、自治区的直达有线人工电报电路改用克利特快机工作。1950年起相继开通与莫斯科、布拉格和海参崴等国际电报电路。除了电报之外，后来还用相片传真机开通至上海和莫斯科的国内、国际相片传真业务。在电报大楼建成以前，北京最重要的两个通信枢纽局所，一个是作为电报中心的"东营"，另一个是作为长途电话中心的厂甸南局。

新中国建立后，电报业务量快速增长，1952年比1949年业务量增长了3倍，电路增加1.5倍，增添的机线设备已经无处安装，原有设备陈旧，局内的电报文稿都要用人工传递，时延较长，而且建筑已超过保险期，地基下沉，木质楼板和楼梯也难承重负。至1958年，"东营"已使用50余年，此时，北京电报大楼竣工启用，"东营"的电报业务全部割接到电报大楼，"东营"不再承担通信使命。后来这个院子交给人民邮电出版社使用，一直到1996年，王府井大街南口大规模建设东方广场工程，老东营建筑连同东单二条胡同全部拆除，北京第一所电话局和第一所电报局最后的痕迹也就随之消失了。

尽管"东营"早已不复存在，但是那里留下很多电信老职工难以忘怀的记忆。除了电报业务上曾经的辉煌之外，"东营"还曾发生过激动人心的斗争。在国民党统治时期，"东营"电信职工在中共地下党组织的领导下，积极与国民党当局进行斗争，发展壮大地下党组织。例如老职工中著名的地下党员郎冠英、胡浚、张光斗等都是"东营"的骨干力量。当时在"东营"有一份名叫《铃铛》的职工自办进步刊物，以壁报的形式宣传进步思想，揭露电信当局欺压员工的规章制度，呼吁改善员工生活，组织对生活困难员工的救济。郎冠英就是《铃铛》壁报的主编，1948年4月，爆发了北平电信员工争取合理待遇的"六八斗"斗争，郎冠英被推举为斗争总代表，他不顾个人安危，和另一位总代表一道，代表员工去局长室和反动局长面对面进行交涉。在北京通信电信博物馆中陈列的一枚"争取合理待遇委员会"的印章复制品,原件就是当年胡浚刻制的。在博物馆布展的过程中,已经80多岁的胡浚老人凭着记忆,给我们制作了这枚复制品。

1948年10月,3000多名北平电信工人举行了震动全国的"饿工"斗争,这次斗争也是

胡浚老人复制的"争取合理待遇委员会"印章

以《铃铛》壁报为起点,以"东营"为斗争大本营发起的。当时国统区物价飞涨,民不聊生,电信系统职工同样受到饥饿的威胁。所谓"饿工",就是在当时"反饥饿"斗争的大背景下,北平电信工人按照中共地下党组织的指示,向当局要求发放救济金,否则就停止工作。之所以称"饿工"而不叫"罢工",是因为前不久,国民党政府颁布了《戡乱时期危害国家治罪条例》,严禁罢工、怠工,因此,叫"饿工"不叫罢工,既避免了和《条例》直接冲突,又易于发动群众,博得社会同情。这次"饿工"只停止普通电报电话以及查号台、报时台等电信服务,而对于军政、新闻电报电话不停止,这样就把斗争的指向限制在经济斗争范围内,不给当局以政治口实。自10月27日零时起,北平电信工人在"东营"工会小组的广泛联系发起下,正式开始"饿工"。"东营"大门口张贴着胡浚写的《告同胞书》,申明"饿工"的理由,同时向市民致歉。"东营"内还成立了记者接待处,专门接待媒体记者对这次"饿工"的采访。这次斗争,获得了北平电车公司、自来水公司等系统职工的响应,天津、青岛、张家口等地电信员工也纷纷效仿北平,与当局开展斗争。上海、南京等地电信局发来通电表示慰问和支持,可以说震动了全国。最终迫使当局基本答应了职工的条件,取得了斗争的胜利,有力配合了全国解放的形势。

如今,"东营"留给我们的是一个已经远去的背影,但它铭记着北京电信史上一段不平凡的岁月,熔铸着老一辈电信职工曾经的热血青春。笔者每天上下班都要经过王府井大街南口,"东营"曾经的位置已经矗立起雄伟的东方广场建筑群,笔者心里总要默默地念道:走好,"东营"。

疯狂的电话费

电信资费变化简表

日期	北平至天津长途通话价目（每三分钟）	国内电报价目（每字）
1939. 5. 1	0.60	0.18
1945. 8. 1	180.00	20.00
1947. 7. 1	8,000.00	1,000.00
1947. 11. 1	24,000.00	3,000.00
1948. 4. 1	80,000.00	10,000.00
1948. 7. 1	315,000.00	40,000.00

抗日战争胜利后，北平地区的电信设施基本沿用日伪时期遗留下来的，国民党政府对电信建设拆东补西，没有大的发展。解放战争期间，国民党要员以及大量不法商人、金融资本家囤积物资、操纵市场，控制国家经济秩序，加之连年内战国库空虚，导致国统区内通货膨胀，物价飞涨。政府靠大量加印纸币弥补财政赤字，更是加剧了通货膨胀，恶性循环，导致法币急剧贬值。即使政府的官方技术刊物《电信》，在1948年的小时评上也刊出了这样的描述：

【喧宾夺主】按常情印花税票贴在单据上和邮票贴在信封上，是再平凡没有的事情，但在这年头就实行不通，较大数额的交易，单据非贴在印花上不行。就以前几天本局付印电话号簿八成定款，八亿余元，印花票还是用五万元票面一张的，结果印花税票的面积要比单据大六七倍，那么只好把单据贴在印花上，让它喧宾夺主了。

【卡车运钞】本局初成立时，出纳员携一皮包坐辆三轮，就把员工整月薪津由银行提来。到了去年下半年就要用一辆小汽车提款。今年把薪津改为月半月终两次发放，可是每次提款非预备麻袋和大卡车才能完成任务。据开央行由上海以飞机运钞，每机只能载八十箱，每箱可装万元大钞五亿元，所以每次仅能飞四百亿，姑无论印刷机器速度如何，就以运输钞票亦成很大问题，故发行大钞乃势所必然。

通货膨胀反映在电信资费上也非常明显。在长途电话方面，1939年5月，交通部颁布了一份《国内长途电话价目计算标准表》，以后每次调价都以此表为基准，称为"战前标准价目"。从1941年1月至1945年8月在国统区内已调价6次，1945年10月涨至战前价目的262.5倍。四年多时间涨价200多倍，已经让人惊叹，但这仅仅是个开始。从1947年7月至1948年7月短短的一年间，频繁涨价4次，长途电话价目已是1939年的52.5万倍！请相信你的眼睛，你没有看错，的确是52.5万倍。也就是说1939年时，北平到天津的长途电话每三分钟收费0.6元，而到了1947年7月，已经需要31.5万元了！但这疯狂的电信资费还没有走到终点。

为挽救经济总崩溃，国民政府进行了币制改革，1948年8月开始发行"金圆券"取代原来的法币，以300万元法币兑换1元金圆券。但是金圆券并不能带来真的金元，相反，此时的国民党政府已经感到在大陆的统治行将结束，开始把大批的储备黄金运往台湾，所以金圆券发行后急剧贬值。以电报资费为例，1939年5月国内明码电报每字收费0.18元，到了1948年7月已经涨到每字4万元了。改用金圆券后，1948年11月调整为金圆券0.2元，其实已经相当于原来法币60万元。1948年12月的市话资费，自动电话甲种（住宅）的月租费已经高达60元金圆券。

那时，电话局要用麻袋收电话费，甚至一麻袋钞票竟不能买到同样重量的废纸。更有大量军政机关，常年拖欠电话费，这些用户性质特殊，不能采取停话的处理方式，成为当时电话局棘手的难题。国统区电信局员工的待遇普遍下降，群情激奋，也导致后来震动全国的北平电信工人"饿工"斗争的爆发。

北平解放前夕，国统区内物价变幻无常，经济秩序全面崩溃，电信资费已经没有统一固定的价目标准可言了，只能用当时的小米斤数作为价格指数代替实际货币，所以出现电话资费按斤计算的怪现象。很多地区甚至出现了"以物易物"的原始贸易方式。老舍先生的话剧《茶馆》有这样一个情节，当时进茶馆喝茶要先付茶钱，因为一顿茶之后，进门时的价格已经不能抵出门时的价格了。人们疯狂挤兑黄金银元，酿成很多流血事件。由此可见，解放后人民政府面对这个满目疮痍的社会，迅速稳定市场、恢复经济秩序的任务是多么艰巨！

北平上空的红色电波

看过电影《永不消逝的电波》的朋友一定记得，电影主人公李侠与敌人机智斗争、壮烈牺牲的故事。李侠的原型是我党在上海的优秀地下工作者李白，而远在几千里之外的北平，也发生着步步惊心的故事，这里的主人公就是李雪。"南有李白，北有李雪"，在革命战争年代，在我党地下通讯工作者中广泛流传着这句话。

1948年春，黑沉沉的夜，万籁俱寂，在旧鼓楼大街118号的一间屋子里，响起了一阵"嘀嘀哒哒"的发报声。多少重要情报在这声音中源源不断地送往解放区，但国民党当局利用各种侦测设备，却难以发现它的踪迹。

抗日战争胜利结束后，中共晋察冀中央局（后改为中共中央华北局）根据中共中央的工作方针，决定在国统区北方重镇北平秘密建立地下电台，以便解放区与北平地下党之间的通讯联络。从1942年到1947年，晋察冀中央局城工部部长刘仁（新中国成立后曾任中共北京市委第二书记）用了近五年时间进行人员、资金等方面的准备，地下电台才建立起来。北平地下电台由地下党学委委员崔月犁（新中国成立后曾任卫生部部长）领导，李雪负责技术指导和日常工作。

李雪，原名恒贵，满族正蓝旗人。抗战爆发前，李雪是北平协和医院一名普通劳务工人。由于对无线电技术的浓厚兴趣，李雪利用业余时间自学了无线电知识，逐渐掌握了电台设备的安装和修理技能。一个偶然机会，李雪认识了中共地下党员、清华大学学生熊大缜。在熊大缜的教育和引导下，李雪参加了革命。1939年，李雪与熊大鹰一道来到了晋察冀革命根据地，在冀中军区电台担任报务员。1942年5月，刘仁将李雪调到城工部担任报务员。经过几年的斗争磨炼，李雪已经成为一名坚定的共产党员，成为刘仁派驻北平筹建地下电台的最佳人选。抗战胜利后，李雪奉命秘密进入北平，在地下党组织的掩护下，以合法身份在北平居住下来，同时着手筹建地下电台。

1946年7月，另一名报务员赵振民也秘密来到北平，协助李雪工作。人员配备齐全了，电台隐蔽地点也找好了，可是万事俱备，只欠东风，电台最核心的设备——收、发报机还没有着落。那时在国统区，发报机绝对是禁卖品。怎么办？没有发报机，我们自己造。经组织同意，李雪在西四北大街开设了一家龙云电料行。电料行的东家是李雪，伙计是赵振民，两人利用电料行购置各种零件，白天在柜台应付业务，夜晚躲在后院，利用电料行的材料自己动手组装了四部发报机，三部留在北平用，另一部设法运到天津。收报机不是禁卖品，但也不容易买到，地下党先是通过关系用二两黄金买到两台。后来，李雪索性买来一部短波收音机自己改装成收报机，这样收、发报机都齐备了。经过一年多的紧张筹备，到1947年4月，李雪的地下电台终于开始与位于解放区的华北局城工部相互收发电报。从此，红色电波不断在国民党重兵把守的北平城上空穿过，把一个又一个重要情报传给解放区。

青年时代的李雪

20世纪40年代的美国产电子管波纹自动收报机

解放战争后期，为应对形势发展的需要，加紧进行夺取北平的准备工作，华北局城工部决定扩大北平地下电台队伍，加快地下电台与解放区之间的信息传递。准备在北平配备三套"人马"，即三个报务员、三套设备，分设三个地

北平地下电台帽儿胡同旧址

点。有了三套人马就不怕电台发生故障，也不怕敌人的破坏。这样，两位年青女战士——报务员艾山和译电员方亭于1948年4月和8月先后来到北平参加地下电台的工作。

三套人马分别设在东城帽儿胡同2号，东城洋溢胡同36号，宣武门外西草场12条。地下电台的工作人员都由党组织安排了可靠的关系做掩护。为了保证电台的安全，所有发报员、译电员、交通员都要潜伏下来，组织上为了他们工作的方便，就像电视剧《潜伏》里演的那样，都为他们组织了"家"，有的是为他们找了"父母"，有的是组成"夫妻"，以迷惑敌人的耳目。

李雪是北平地下电台的技术负责人，电台的设置、经费的筹措、技术的指导、电台的维修等都由李雪一手包办，同时李雪还负责地下电台与解放区联系，多次秘密往返于北平和解放区之间。

地下电台的活动，使敌人如鲠在喉，又怕又恨。国民党当局有十辆载着侦测仪器的吉普车，每天在北平城内流动侦察地下电台。在李雪的安排下，地下电台通过一系列技术手段巧妙隐蔽，比如通过改变电台的波长、呼号和密码等技术手段躲避侦察，地下电台还采取三台轮换作业、错开发报时间、缩短电文等方式，躲过了国民党的一次次搜查。多变的电波使敌人很难抓住电台的活动规律，不易发现电波信号，即使敌人一时听到可疑信号，信号又很快消失了，再找也找不到。

在查找地下电台史料时，我们看到最多的一张照片就是帽儿胡同2号。当年有一部电台就隐藏在这里。不过并不是像我们想象的那样，电台总放在帽儿胡同一处，因为电台在一个地方待得时间过久就容易被发现。为了电台的安全，发报员们要不断携带电台搬家，电台工作人员赵振民、王超向、岑铁炎、艾山、方亭都各搬过几次家。收发报机也被隐藏得十分巧妙，例如藏在床边壁橱的夹层里，上面堆满衣物。或者在墙上凿一个洞，里边藏着机器，外边钉着挂衣架。电台使用的天线也都设法加以伪装。

经过李雪谨慎周密的安排，在近两年的时间里，北平地下电台没有发生电影中那扣人心弦的惊险镜头。李雪老人回忆，地下电台的生活虽然可以说步步惊心，但好在都是有惊无险。更多的只是平凡琐碎的工作，小心谨慎的行动和对党的事业的无限忠诚。在国统区重要城市的北平，三处地下电台，一处也未被敌人发现。

电台的工作人员都有严格的纪律，报务员、译电员、交通员不知道彼此的住址和姓名。来往电报内容，除了译电员外，其他人都不允许知道，李雪也不例外。电报由报务员艾山收发，由译电员方亭译成文字，但电报内容艾山却丝毫也不知道。那时，两人已是十几年的同学、朋友和同志，情同手足，十分知己，但是，每当译电报看到令人兴奋的消息时，方亭只能把喜悦深深藏在心头，而不能向艾山吐露一个字。

北平解放前的两三个月是地下电台工作最紧张的时期。人民解放军实现对北平的分割包围，平津交通线被我军切断后，地下党跑交通的活动已很困难，电报就成为解放区领导机关与北平地下党主要的联系手段。平津战役打响后，电台几乎每天都发出敌人军队的调动、军用列车的数量及去向等有关情报。电报大量增加，而停电和戒严却更加频繁。

1949年1月，在人民解放军的重重围困之下，国民党北平守军企图留一条后路，在危急时刻逃跑，便在东单广场抢修了一个临时的简易飞机场。人民解放军为断绝敌人的逃路，向机场开炮，开始时命中率较低。于是，由地下党派人直接观察每一发炮弹的具体落点，然后通过地下电台及时报告。在地下电台的配合下，解放军炮兵逐步矫正了弹道，一发发炮弹就像长了眼睛一样越打越准，终于很快地用炮火封锁了这个短命的飞机场。电台指挥炮弹，炮弹靠电台瞄准，这可能是古今中外的战争史上绝无仅有的事情。

1949年1月31日北平解放当天，刘仁向李雪宣布："通知电台，停止联络！"就这样，李雪和他的同事以及地下电台光荣地完成了使命，同志们又走

晚年的李雪夫妇

上新的工作岗位，为人民共和国的建设继续奋斗着。

新中国成立后，李雪曾担任北京市电信局副局长、邮电部国际联络局副局长、无线电总局副局长、中国通信学会副秘书长等职。

在北平和平解放的关键时刻，地下电台作为我党城市工作的一支奇兵，发挥了至关重要的作用，其功绩不可磨灭。尽管在岁月的长河中，那段斗争的历史只是短暂的一瞬，但是，今天当我们在和平安宁而又幸福的土地上享受着美好生活的时候，我们不应忘记那些为了争取民族独立和人民解放，冒着生命危险献身于伟大事业的人们。

探寻香山电话专用局

在北京著名的风景区香山公园内,有一处并不隐蔽但却神秘的小院,四围白墙环绕,大门经常紧闭。它坐落在著名的香山饭店的正对面,虽然身处公园内,由于并不开放参观,所以知道它真正用处的人并不多。这里就是曾经为党中央通信服务的香山电话专用局旧址。

香山电话专用局展区

在北京通信电信博物馆的红色通信展区,专门有一个段落展示了香山电话专用局的故事。

香山专用局话务员为党中央提供通信服务

北平和平解放以后，1949年3月初，中共中央从河北平山县西柏坡迁至北平，进驻香山。为了保证党中央的通信需求，按照中央军委总参三局局长王诤的指示，务必在3月23日前建成香山电话专用局。经研究，局址选定在当时的香山慈幼院理化馆旧址，也就是今天香山饭店的正对面。具体装机工作由长期担任中央电话班班长的彭润田负责。

香山在清朝年间曾叫静宜园，是乾隆皇帝的行宫，更是当年著名的京城四大园林之一。在英法联军、八国联军两次洗劫后破落，趋于荒废。民国年间，众多达官贵人都在此修建别墅。1917年京畿、直隶地区遭遇水灾，五百万灾民流离失所。为收容受灾孤儿，在香山建立了孤儿院，后为学校，这就是著名的香山慈幼院，可以说是中国近代最成功的一家慈善教育机构。它的创始人是民国年间著名的慈善家熊希龄，曾当选了民国第一任民选总理。香山慈幼院曾为国家培养出大批有用人才，比如新中国邮电部部长王子纲、铁道部部长刘建章等就曾毕业于"香慈"。

1949年，为中共中央进驻西山，借用慈幼院3000多间校舍房间用来办公。后为了慈幼院的长久发展，国务院和北京市政府在海淀区阜成门外给"香慈"建立了永久的校址，就是今天的北京市立新学校。

党中央进驻北平后，双清别墅作为毛主席的居住地，成为了中共中央的指挥中心。同时朱德、周恩来、刘少奇、任弼时的住地也在离双清别墅不远的来青轩。专用局所在的"香慈"理化馆离毛主席驻地只有步行几分钟的路程。

3月10日开始，为党中央服务的通信兵以及从北平电信局调用的职工，组成了装机建设队伍，仅仅用了13天时间，便安装了西门子自动交换机150门，在香山、八大处、玉泉山和青龙桥一带架设了中继线和临时专线，安装了小交换机，还扩充了部分郊区线路，沟通了中央军委、中央各机关驻地的电话通信。架通了到市内电话局的中继线，圆满完成了中央交给的任务。

3月25日，中共中央、中国人民解放军总部抵达北平。中央军委副主席周恩来视察了香山专用局，他对使用自动电话提出了意见。因为中央首长长期使用人工电话，早已习惯，而且用自动电话需要首长去记或查电话号码，不适合首长紧张繁忙的工作，因此周副主席建议把自动电话改为人工电话。于是彭润田与同事一起马上返回城里，从原国民党联勤总部仓库找到一台40门磁石

1949年香山专用局话务班女职工合影

香山专用局战士职工合影，站立者左起第三人为局长彭润田

交换机和几十部美制磁石电话机，全局职工不分工种，昼夜施工，仅用了一天多的时间，便及时地为中央领导装上了人工电话。人工电话的好处是只要首长拿起电话，说出要找的人，话务员就会立即接通，大大方便了首长们的工作。

凡是当年香山专用局的职工都会记忆犹新，那就是严格的通信纪律。因为当时南方尚未解放，北平也解放不久，随时受到国民党敌特分子破坏，香山也遭到过国民党飞机的轰炸。在党中央核心部位工作的责任可想而知，因此必须"绝对保守秘密"、"绝对保证中央通信安全"。香山专用局的职工，每周只许回家一次，不许在家住宿，不许随便外出，不许与亲友通信，不许告诉亲友自己的工作地点和任务，不许监听领导同志电话。

国共和谈破裂后，毛主席、朱总司令于1949年4月21日向解放军发出向全国

进军的命令，强渡长江，打响了渡江战役，拉开了解放全中国的序幕。毛泽东同志在香山指挥了解放全中国的战役，并在此筹建新中国，写下了《论人民民主专政》、《南京政府向何处去》等重要篇章著作。现在双清别墅的展览中，毛主席的办公桌上还摆着一部磁石电话。在解放军占领南京后，毛泽东写下了《七律·人民解放军占领南京》这一光辉诗篇，从此中国历史翻开了崭新的一页。

随着毛主席和中央机关迁入市内，1949年7月15日中南海专用局正式开通，香山专用局作为党中央通信服务的专用职责宣告结束。香山电话局的原班人马，随党中央进驻中南海，继续为中央首长提供通信服务保障，彭润田也成为中南海电信局的首任局长，在这个岗位上一直工作到离休。同样，在相当长的时间内，首长们依然沿袭了人工电话的通信方式，话务员也成为中央领导工作的好帮手。

香山专用电话局虽然仅为党中央服务了不到四个月的时间，却可以说是北京电信职工首次参与的重要通信保障任务。伴随着新中国诞生的脚步，其历史功绩，将永载史册。香山电话局的专用职能虽然结束了，但电话局的功能一直保留了下来，现在继续服务于香山地区。

老号簿里寻找老北京

翻开这些发黄的老电话簿,一股浓浓的历史气息扑面而来,读着那些古意盎然的老街、老铺号名字,看着那些古朴的老广告,仿佛穿越时空隧道,回到20世纪初的北京城。

在北京通信电信博物馆资料库里,有一本宣统三年正月刊印的北京《电话号簿》手抄本,这本1911年出版的电话簿原件保存在中国第一历史档案馆。这本老号簿可以说是目前可

北京第一本电话号簿封面

考最早公开出版的北京电话号簿,到现在已经有一百多年的历史了。

翻开这本老号簿,列出的电话用户包括政府机构、商铺、银行、医院、学校、报馆、书局等,比如吏部衙门/度支部街、内联升官靴局/乃兹府等,还有不少以个人名义登记的用户。

1911年的电话号簿主要刊登的是南局电话和东局电话。当时北京城内只有这两个电话局,南局服务区域是外城,所以号簿中有大量商号、金店、票号、车站、饭店、住宅等电话。著名的老字号如荣宝斋、清秘阁、瑞蚨祥、稻香村等已经赫然在目。东局服务内城,因此号码中多有衙门、王府等,比如涛贝勒府(东局1013号),就是和硕醇贤亲王奕譞的第七子,光绪皇帝同父异母的弟

北京第一本电话号簿内页

弟载涛,是当时著名的京剧票友。另如恭王府(东局1040号),是前恭亲王奕䜣嫡孙溥伟的府邸,他是清朝最后一位恭亲王。东局338号是"荫宅",就是陆军大臣荫昌家的电话。

除了衙门机构的官员,清末能在北京安装私人电话的平民并不多,在号簿上一般刊登为"某宅",如杨宅、沈宅等,想必也都是有头有脸的人物,比如:王瑶卿(南局209号)、朱幼芬(南局194号)等都是清末民初的京剧名角。

这本老号簿并不像现在的大黄页那样按类别排列,或是按笔画顺序检索,而是按照当时的电话号码顺序依次排列,比如南局第7号是五城中学堂,要想找到五城学堂的电话只能一页一页地找才能找到,所以查找起来极为不便。值得一提的是,这个五城中学堂,也就是现在和平门外北京师范大学附属中学的前身。说来有趣,这个号码历经一百多年,至今未变!在北京电话的发展史中,多少次的扩容、升位、改网、割接,师大附中这个号码只是局号从南局变为3局,再变为33局、303局、6303局,而用户号码一直没有变化,这在整个北京电话网上都是罕见的,也成为见证北京电话百年发展的一个最好实例。

除了1911年这本老话簿,博物馆里还收藏着几本上世纪三四十年代的电话号簿,虽然外表已经斑驳不堪,内页也早已泛黄焦脆,但是翻开这几本号簿仿佛老北京城商号一片繁华忙碌的景象就在眼前。

　　和现在的黄页一样,七八十年前的老号簿也做满了大大小小的广告。广告的内容极其丰富,涉及社会生活的方方面面。1936年的《北平电话号簿》上,住宅电话已经大量增多,其中不乏社会名流,如周作人(新街口八道湾11号,西局2826号)、金岳霖(北总布胡同3号,东局4423号)、余叔岩(椿树头条4号,南局1566号)、俞振飞(遂安伯胡同10号,东局108号)、马连良(翟家口豆腐巷7号,分局1466号)、沈尹默(北池子妞妞房15号,东局895号)、胡适之(米粮库4号,东局2511号)、陈寅恪(平则门大街姚家胡同3号,西局568号)、梁思成(北总布胡同3号,东局1202号)等等,另外当时清华大学80多位教授的个人分机号也都刊登在内,比如冯友兰、吴宓、朱自清、闻一多、周培源等等,可以看出抗战前北平文化事业的繁荣局面。

日伪时期的北京电话号簿

　　1944年的《北京电话番号簿》是北平沦陷期间出版印刷的,前半部分是汉字号簿,后半部分则是日文号簿。让人心惊的是,封面上赫然印着一把刺刀,显示出明显的时代特征。这本号簿虽然没有广告,但是整本号簿印刷精美,扉页上还用四色印刷出来当时的电话覆盖区域。

　　到了1948年的《北平电话号簿》,可以看到内页中有的电话单位和号码的字号特别大,很是显眼,这也是一种广告效果,需要支付一定的广告费才能使用大号字。当时的广告宣传简洁明了,比较直接,比如封底的彩色广告是北平啤酒股份有限公司打出的"请用飞马啤酒"的平面广告。像这样朴实、直白的广告词在当时的号簿里比比皆是,不禁让人莞尔一笑。每一页的上方和边角都留出了一定的区块发布广告,都是一些有实力的商店、公司来投放。

第三动线　追赶现代电信的步伐

　　从迎接北平解放的红色电波，到中南海电信局的建立；从传呼公用电话的开办，到每一个自然村通上电话；从无线寻呼的产生，到3G移动业务的使用；从开国大典的通信保障，到奥运会的宽带网络；从抢救六十一个阶级弟兄，到唐山地震、汶川地震架起的救灾专线；从中国第一个互联网站的诞生，到移动办公、视频通话……现代通信缩短了人与人之间的距离，深刻地改变着古老北京的面貌。随着展线的延伸，我们的步伐不知不觉迈进了丰富多彩的现代通信世界。

横跨亚欧的"大神经"

新中国成立之初，以美国为首的西方势力，在政治、经济、军事等方面对新中国进行全面封锁和破坏，反映在通信领域的窃密与反窃密斗争也十分激烈。国家在恢复建设国内长途电信网的同时，为了政治、军事、外交等方面的需要，急需打开一个国际通信出入口。因此迅速开设与苏联、波兰、匈牙利、民主德国等东欧社会主义国家的无线电报电话业务。例如新中国成立前夕的1949年7月，即已开通北京至莫斯科的无线电报业务，11月又开通北京至莫斯科无线电话业务。但是，无线电通信很难满足保密的需要，例如毛泽东主席即将出访苏联的决定，涉及绝密，国内只有少数高层领导人知道，但美国报纸却已经进行了公开报道，极有可能是无线电通信发生的失密。而且，短波通信不稳定，极易被干扰，也难以满足中苏间日益频繁的通信需要。

1950年2月，周恩来总理率团赴莫斯科，两国政府签订了《中苏友好同盟互助条约》。同时，随访的中国邮电代表团与苏方邮电部签订《建立电报电话联络协定》，决定修建北京至莫斯科之间的直达有线电信线路，以适应两国交往的需要。

就在周总理出访莫斯科期间，邮电部副部长兼军委电讯总局局长王诤突然接到从莫斯科发来的电报，周总理要与在北京的陆定一、李克农直接通电话，商谈重要事情。

当时北京的通信状况是：长途线路在解放战争中破坏殆尽，尚未完全修复。市内电话勉强可以打，国内长途都很难接通，更别说国际长途了。即便勉强接通的长途电话,一旦转到市内,质量就没保证,通话时需要双方大喊大叫。总不能让周总理在莫斯科大喊大叫呀,这不但有失国际形象,也不能做到安全保密。怎么办?为了完成总理交代的任务,王诤副部长与业务技术人员商量后确定一个办法:在厂甸南局选一条长途线,突击整治,并通过沈阳和

关于开放莫斯科无线电报的代电原稿

华北军区线路,将电话接到边境。长途电话从载波机直接接到机房隔壁的小房间作为临时电话间,完全跳开市内电话系统。一条临时的、安全的国际长途专线就这样很快开通了。

  双方通话时,李克农与陆定一来到南局,在那间临时的专用电话间内,与远在莫斯科的周总理通了电话,领导反映话音质量不错。现在的电信事业已十分发达,国际国内电话随时可以打通。但新中国成立初期连周总理打长途都要如此费心,今天已很难想象。

  这次通话,是北京与莫斯科之间第一次通过有线线路的直接通话,但线路毕竟是辗转沟通的临时专线,不能长期使用。迅速建设北京至莫斯科的直达电话线路,成为当务之急。

  这条横跨亚欧的国际电话线路,全长1.2万多公里,是当时世界上最长的陆上有线电信线路。使用的都是架空明线,中国境内全长2478公里,从北京经山海关、锦州、沈阳、长春、哈尔滨、齐齐哈尔、海拉尔,到边境城镇满洲里,然后越过国境与苏联的远东通信线路连接。按建设要求,这条线路要开通两对3路载波的铜线。所谓3路载波,就是使用载波技术,在普通线路上增开3路电话,那么一对线即可同时传送4路电话,两对线可同时满足8路电话的通话。

  北京长途电信局负责北京至沈阳载波机的安装测试及全线开通任务,线路由邮电部组织几个工程总队分段建设。1950年5月正式开工,要求当年内全线开通,任务之艰巨可想而知。其中最艰巨的任务是东北段,国内2400多公里的线

路有1900多公里都在东北，而原有可利用的旧杆路多在解放战争中毁于战火，或被土匪盗毁，因此绝大部分需要重新建设。为此，东北邮电管理总局将此列为当年压倒一切的中心工作，共组建了9个施工队，每队30～50人，工人们都以能参加国际线路工程为荣。

齐齐哈尔至满洲里一线，原有杆线残存无几，需要完全重新立杆架线。施工队分别从扎兰屯、牙克石、海拉尔施工，穿越大兴安岭和呼伦贝尔大戈壁草原，地形复杂，荒无人烟，而且气候无常，野兽出没。工人们住在帐篷或蒙古包里，饮水要靠远途运输。中午戈壁草原上气温达到40℃以上，夜晚则降到10℃以下。工人们每天早晚要走一二十公里上下工地，每天加上走路的时间要工作十二三个小时，但没有人叫苦喊累。

在入冬后的11月，几个施工队赶修哈尔滨至齐齐哈尔段，要经过萨尔图（今大庆油田地区）水害区，那里终年积水，工人们立杆架线都要在齐腰深的水中作业。当时并没有水中作业的防护用具，而且已经到了冰封雪飘的季节。工人们争相光腿下水，实在冻得受不了了，上来擦干身体，套上棉裤，喝几口酒，烤烤火，再下水干活。

当时并没有现在的施工设备和机械，都要靠人力完成。修建长春至双城和长春至铁岭段线路时，正值东北滴水成冰的12月，气温已经降到-30℃以下，一个工人一天只能用丁字镐在冰冻三尺的地上刨一个杆坑。狠狠一镐下去，只刨下拳头大的一块冻土，手却被震裂了。架线时如果没有戴手套，手刚接触金属线就会被沾下一块皮。就这样依然坚持干，终于按期完成这段近400公里冻土地的新建杆线工程。

此时此刻，笔者脑海里不由得浮现出《钢铁是怎样炼成的》中，保尔参加修路的画面……自然条件的恶劣、施工设备的简陋，还不是最主要困难，与之相比，技术上的困难更是困扰施工的难题。专家和技术人员经过反复设计与实践，攻克了长途串音、线路测量、垂度设置等大量技术难关，如期保证了施工进度。东北地区的邮电、林业及铁路部门，也为这条国际线路的如期完工，在铜线和木杆的供应、运输等方面给予了全力配合。

1950年12月12日，这是一个值得纪念的日子。我国第一条有线国际电话电路——北京至莫斯科电路正式开通，成为当时欧亚大陆最长的有线载波电路，

维护长途架空明线

启动了我国对外联络的第一条"大神经"。由于整体工程质量得以保证，机务、线务良好协作，这条线路与苏联远东线路连接后，立即畅通，这是过去长距离明线建设史上所罕见的。邮电部为此向参加国际线路工程的全体职工颁发了"1950年恢复建设纪念章"。

这条"大神经"的建成，承担了我国对外联系的重要任务，并经苏联转接，陆续开放至东欧各社会主义国家的国际电话，包括抗美援朝战争中，也发挥了重要作用。周总理在一次会议上指出：中苏间国际电信线路的建成，是新中国建立以来的一项重要成就。

后来，由于中苏关系恶化，这条国际线路停止使用，封闭多年。直到1971年，发生了林彪外逃事件，这条线路再次被人们想起。我国驻蒙古外交人员，在紧急情况下，启用了已经封闭的经莫斯科至北京的国际有线高频专用电话，及时报告了这一事件。这条历经20年的线路，在封闭数年后，依然可供使用，可见当时的施工质量是过硬的。

永不消逝的电波

北京的无线电通信始自清末，从长波到短波、微波、卫星以至移动通信，经历了一百余年的发展。在无线通信发展的历史链条中，短波通信是其中重要的一环，尤其新中国建立后，短波通信达到了辉煌。短波电台几十年的变迁中，也隐藏着一段段鲜为人知的故事。

短波是频率3～30兆赫兹（波长100～10米）的无线电波。短波可以在大气电离层与地面之间多次反射，从而把信号传送到很远的地方，比如我们家里的普通短波收音机，就可以很方便地收听到来自外国的无线电广播，因此在卫星通信诞生之前，短波通信是远程通信的主要手段，应用于电报、电话、广播。

北平刚刚和平解放时，北平电信局有4个发信台和两个收信台，规模都比较小，而且设备陈旧，只能勉强维持工作，最远只能通达南京、重庆及北平周边的省会城市。刚刚成立的新中国，需要与各社会主义国家直接联系，具有远距离通信能力的短波通信，是迅速建立国际电路的主要通信手段。尽管对原有电台进行了加强工程，但当时北京的国际通信仍然非常困难。

1950年初的第一次全国电信会议上，国家决定在北京建立中央国际无线电台。随后迅速从上海、南京、广州抽调工程技术人员，进行中央国际发信台和收信台的勘察、设计与施工。可以说，新中国第一个重点通信建设工程就是短波项目。整个20世纪50年代，是北京短波电台建设的高潮，这一时期，共新建和改建了6座大型无线电台，分别是：

北京国际电台中央收信台，位于大兴黄村，1951年1月3日落成，编号第五电台；北京国际电台中央发信台，位于东郊平房，1951年6月9日落成，编号第三电台；北京国内收信台，位于大兴黄村，1951年改建，编号第二电台；北京国内发信台，位于东郊平房，1951年6月23日落成，编号第四电台；北京国际电台第二发信台，位于通州永乐店，1958年6月3日落成，编号第一电台；北京国际电台第二收信台，位于昌平小汤山，1965年6月落成，编号第六电台。

第五电台于1951年1月3日在大兴黄村落成

这些电台中，第三电台是规模最大的发信台，在机房大门旁镶嵌着一块汉白玉奠基石，写着"邮电部中央无线发信台"，是邮电部副部长王诤的手书。第三电台落成后承担

1958年第一电台落成

了大量的新华社国际新闻文字广播业务，形成了以国外通讯社、报社为对象的对外新闻广播网。第五电台是新中国第一座大型短波通信收信台，建成后即开通了对东欧社会主义国家的国际通信电路，以及新华社、中央气象局和中国新闻社的文字、语言广播与外电新闻收报业务。第四电台承担了新华社国内无线短波新闻广播业务，形成了以北京为中心，以各省、地（市）报社为对象的国

内新闻广播网。位于通县永乐店的第一电台是20世纪50～70年代北京对亚欧通信的重要短波电台。

1952年初春的一个星期日，工程师任守祐正在第三电台值班，忽然门口执勤的战士打来电话，说有人要进电台。任守祐立即赶到门口，没想到来的人竟然是朱德总司令和聂荣臻同志。两位领导人在事先没有通知的情况下专程到第三电台视察，执勤战士并不认识朱总司令他们，所以坚持原则没有放行。朱总司令不但没有责怪那位值勤战士，还当场表扬他严格执行值勤条例，警惕性很高。正在机房值班的袁灵旻与任守祐一起陪同朱总司令和聂荣臻同志视察了机房。朱总司令和聂荣臻同志离开电台时非常高兴，与在场的工作人员一一亲切话别。

一位曾从事过短波通信的老职工说："在新中国成立后的无线通信发展史上，短波通信应该成为一笔重彩"。的确，20世纪50～70年代初期，短波通信是承担国际通信的主要技术手段，是当年国际通信的"主力军"。1963年底至1964年2月，周恩来总理率团出访亚非14国，还有1979年初邓小平副总理访问美国期间，都使用了北京的短波电台通信设备，保障领导人专机与各方面的通信联系。

1984年12月，中国首次进行南极科学考察。第三、第四发信台和第五收信台担负了此次远洋考察的通信任务。为确保"向阳红10号"远洋科学考察船首航途中及建设南极科考站的联络，北京无线通信局天线队的技术人员新建4副天线，改建6副天线，电台的技术人员认真调配、细致检修测试短波收发信设备。随着科考船航程的变换，按照预定的使用频率方案及时更换天线、更改波长，保证通信不间断。1985年1月8日，电台与到达南极的考察队通话成功，通话距离1.7万多公里，成为中国通信史上距离最远的短波通信，也是短波通信史上的辉煌时刻。此后短波电台为南极长城站、中山站的建立发挥了重要作用。

短波通信也曾是国内通信的重要手段。例如第四电台长期承担着新华社新闻模写（一种专用于新闻的通信方式）、气象广播以及汛期通信业务，特别是对保障北京至新疆、西藏地区的通信起到了重要作用。

短波通信不但保证了党和国家的通信需要，也为通信事业培养了大批技

北京国际电台中央发信台（第三电台）机房

短波电台庞大的天线阵群

术人才,他们成为以后通信事业上的中坚力量,不少人后来还成为企业的主要领导和技术骨干。1951年曾在北京国际电台担任技术工作的范铁生,在1956年研制成功短波接收天线共用器和双半波振子电感交连鱼骨天线,取得技术上的巨大进步,获得国务院奖励。范铁生在80年代担任了北京市电信管理局总工程师,70多岁高龄还担任《北京志·电信志》的主编一职。第五电台首任台长郭有年,当时才24岁,后担任北京长途电信局副局长、北京市电信管理局副局长。第一电台台长张志仁,后来担任北京长途电信局副局长,北京无线通信局首任局长。

由于地处郊区,在电台工作的职工要比城区的职工辛苦得多。那时由于交通不便,他们只能骑车或坐火车去上班,而且不能每天回家,要轮流值班,在电台住一段时间再回家休息一段时间,一些双职工索性把家安在了电台。每逢到局里开会,便被他们戏称为"进城"。许多职工十七八岁就来到电台工作,一干就是二三十年,默默无闻地将自己的宝贵年华奉献给了北京的短波通信事业。提起在电台工作的岁月,他们无怨无悔。因为那里曾经承载着他们的理想,见证了他们的青春和年华。

短波通信由于其固有的缺陷,比如易受干扰、信号衰减严重、容量小、工作不稳定等,70年代中期,随着卫星通信兴起,陆续取代了大部分短波业务,短波电台只承担着汛期通信、海浪预报、气象广播、调频广播等通信任务。随着新华社、外交部、广电部门专用电台的陆续建立,短波通信电台相继撤销,光荣退役。

虽然曾经辉煌的短波通信电台淡出了历史舞台,但是,作为人类最初使用的一种成熟的无线电通信方式,短波在今天仍然有它的重要作用。比如在应急通信方面,短波是最快捷、最灵活的通信方式;在无线电国际广播方面,至今仍唱着主角,无人能敌;在广大无线电爱好者和业余电台中间,短波更是拥有至高无上的地位……短波电台所创造的辉煌历史,将成为永不消逝的电波,永载电信史册。

穿越时空的钟声

坐落在北京西长安街的电报大楼，曾是新中国邮电通信事业的代表性建筑，也是我国国民经济第一个五年计划邮电建设的重点项目。电报大楼于1958年9月29日建成投产，成为国内第一个国际国内通信枢纽。电报大楼建筑面积20108平方米，主体7层（地上6层，地下1层），连同钟楼共计12层，总高度73.37米。20世纪50~70年代，是北京电报事业大发展的时期，电报不仅保障了党政军的机要通信，在当时长途电话还不甚完善的情况下，也成为人民群众不可或缺的重要通信手段。周恩来总理对电报大楼一直给予高度重视，曾先后两次到电报大楼视察，并且亲自选定电报大楼的钟声乐曲。半个多世纪过去了，《东方红》乐曲依然回荡在北京上空。

电报大楼于1956年5月正式动工，由邮电部主持建设，苏联邮电部长途电信总局副局长兼总工程师马尔采尼金和原列宁格勒电报局总工程师沃洛宁等四位苏联专家指导设计，由莫斯科通信建设公司总工程师费道洛维奇指导施工。电报大楼起初选址的位置并不在西长安街，而是在现在西单电话局前沿街的球场上，已经把数百根地基桩打入了地下。此时北京城市规划委员会提出此选址影响未来的街道建设，必须后撤或另行选址。最后确定邮电部南边的四个篮球场，也就是现在的位置，正好作为电报大楼的选址，而且电报大楼坐落在长安街更显得雄伟壮观。

曾参与电报大楼设计施工的原北京电信管理局副总工程师高星忠回忆，在电报大楼的装机工程中，每架2.5米高、300多公斤重的载波电报机不能走电

北京电报大楼落成纪念邮票

梯,而且没有雇搬运工,全部由技术人员完全依靠肩担臂扛,每架8至10人,硬是把100多架机器从楼下搬到了三楼。而且人人争先恐后,这在今天是不可想象的。

1958年9月29日,举行了隆重的电报大楼落成典礼,邮电部部长朱学范亲自剪彩。国家邮政局为此发行"纪56"《北京电报大楼落成》纪念邮票一套两枚。在新中国历史上,为一个通信建筑落成专门发行纪念邮票,这是唯一的一次。

1959年3月15日,周恩来总理及贺龙、李富春、李先念副总理、董必武副主席和徐冰、蔡畅等领导同志一行30多人到电报大楼视察,在电报大楼参观视察了整整一天,晚上还接见了邮电部全国局长会议代表,参加了舞会,深夜11点才回中南海。这对日理万机的总理来说极为罕见,可见当时周总理对电报大楼满意和兴奋的心情。

在这里,我们重点说说电报大楼的大钟。塔钟最初的设计、制造和安装,得到了当时苏联和民主德国专家的帮助,设备也是从民主德国引进的。随着技术的发展,大钟经过了多次改造,现在大钟的控制部分由GPS全球卫星定位系统校对时间,由计算机自动控制,走时非常精确。

电报大楼的报时乐曲最初选用的是两首乐曲:《赞美新中国》和《东方红》,从60年代起只用《东方红》的前4小节,每天24小时正点报时。根据周总理指示,为避免夜间打点扰民,改为每晚22点至次日晨7点停止报时。"文革"开始后,有人发难,报时曲为什么只播"东方红,太阳升"两句,而不播"中国出了个毛泽东"?周总理得知后立即指示有关方面对报时前奏曲进行了重新创作,由北京中央乐团施万春、中央音乐学院鲍蕙荞演奏钢琴式钢片琴,中央广播乐团民族乐队演奏打击式钢片琴,混声录制《东方红》乐曲。每天早晨7点第一次报时播放全曲,其他时间报时播放乐曲的前8小节,乐曲声音浑厚悠扬,当初能传出2.5公里的半径。如今随着高层建筑的阻挡和城市噪音的增加,钟声已经不能传到那么远的距离了。电报大楼后面有一条胡同叫钟声胡同,就是以大钟的声音命名的。电报大楼的钟声，伴随着一代一代北京人成长，曾是周围居住的老北京们赖以计时的最佳工具。1997年7月1日零时，随着香港回归的步伐，电报大楼的钟声自60年代以后第一次在午夜奏响。2009年10月1日晚，在首都各界群众庆祝新中国成立60周年联欢晚会

1959年国庆时的电报大楼

上，北京电报大楼的钟声被现场采集，作为晚会的序曲通过电视机送到千家万户的耳边。可以说，电报大楼的钟声已经超越了通信的范畴，成为与国家命运相联系的见证。

大钟钟面直径有5米，长针1.9米，短针1.5米。几十年间，钟面颜色也是经历了几次变更，最初是古铜色钟面、白色指针。1972年按照周总理指示，为了醒目，电信总局设计了白色钟面、红色指针、红色刻度的方案，并在9月22日改造完成。但这个方案导致钟面看上去很像日本军旗，马上被周总理否定，总理亲自指示更换为墨绿色指针，并要求在三天内完成。于是换成了现在的颜色：白色的钟面，墨绿色的指针和刻度，非常的庄严、醒目，也体现了邮电系统的标志颜色。自电报大楼建成至1997年，大钟上只有时针和分针，没有秒针。为了香港回归倒计时的需

20世纪50年代电报大楼国内报房

20世纪60年代电报投递员出发

从20世纪50年代一直使用到80年代的电传打字机

要，1997年，塔钟进行了改造，技术人员克服了种种困难，给大钟增加了秒针。

电报大楼建成后，原东单电报营业处的业务全部割接到这里。可以说，从电报大楼运行的第一天起，每夜都是灯火通明。作为全国电信网中心和全国电报网主要汇接局，电报大楼与全国所有省会、直辖市、自治区首府、工商业大城市和重要港口、边防要塞及休养胜地等均设有直达报路，与世界各主要国家和地区建有国际报路。

20世纪50~80年代，电报是一种重要的通信手段，最高峰时电报大楼一天的收发报量到达了10万余封。1970年开办对各大城市的报纸传真业务，即由电报大楼为主要报纸传送当天报纸胶片到各地报社分社，在当地印刷发行，这样全国人民就可以看到当天的主要报纸了。1986年4月自动转报系统投产，标志着北京电报通信传递方式实现了计算机程控化。

无论是在电报大楼工作过的员工，还是京城里普通的平民百姓，都对电报大楼有一份特殊的情感。因为，在那个年代，那座大楼曾经是传递国家大事和关乎亲人安危信息的最重要场所。那时候，特别是深更半夜，送电报的摩托车声能把整条胡同的人惊醒。一听说来电报了，不是激动就是紧张，因为电报不是让人大喜就一定是大悲。一位曾经就职于北京电报大楼的员工说，当时报务员发出的最多的就是"母病速归"一类的急电。如果哪位读者家里还留存有当年的电报纸，那么好好地收藏它吧，这些都是我们珍贵的历史和悲喜交集的记忆。

在上世纪七八十年代的单位通讯录和广告中，我们经常看到"电报挂号"这个词语，现在多数年轻人已经不知道它的意思了。在发电报时，收报方的地址名称是要与报文一起拍发的，也要按字计费，所以一些经常有电报往来的单位如果地址和名称特别长，就给对方发电报时造成麻烦并且使对方多花不少钱。于是电报局推出电报挂号这项服务，给申请单位分配一个唯一的数字号码，代替原来的地址和单位名称，这就是电报挂号，使报文往来简洁，方便用户。这类似于邮局的"××信箱"就代表了具体地址。

20世纪50年代，北京有个"十大建筑"的说法，电报大楼是不是"十大建筑"之一？有人

20世纪80年代电报大楼报纸传真机房

说是，有人说不是。其实所谓十大建筑，是指1959年落成、为国庆十周年献礼的10座大型建筑，由于电报大楼在1958年落成，所以并不在十大建筑评选之列。不过这并不影响它在人们心目中的地位，电报大楼早已成为老北京人心目中的十大建筑之一，而且俨然已经成为人们心目中一座新中国的电信博物馆，更是所有通信人心中永恒的丰碑。笔者刚刚考入邮电系统读书时，作为一个学生，有幸进入电报大楼参观。那时的心情真是很激动，昔日只能在大街上仰望的庄严神秘的电报大楼，没想到自己能进入核心参观。而且记得当时老师还说，你们毕业后也许有人就会在这里工作！更是以前想都不敢想的事情。

随着长途电话、移动通信、互联网的兴起，传统的电报业务逐渐萎缩。人们可能还记得，央视从1983年开始直播春节联欢晚会，主持人在晚会现场经常会念各地打来的电报，比如"某地某单位某人祝春节联欢晚会圆满成功"一类的电文。从2001年后就不再念这些电报了。不过现在电报大楼仍然开设着电报业务，只是业务量极少，一年只有几十封了。但是电报大楼并没有随着电报的萎缩而淡出通信领域，现在电报大楼成为北京联通公司数据通信和互联网业务的核心节点，依然巍峨地矗立在西长安街上，为我们承担着重要的通信使命。

开启长途电话自动计费的先河

薄薄的三页草纸，早已老旧发黄而且略有破损，上面是蓝色油墨油印的表格，表格里密密麻麻的数字和符号，恐怕今天没有多少人能看明白。表头上写着：晶体管电子式计费设备程序操作表。

这件藏品是2010年，由北京信息协会秘书长徐祖哲先生捐赠给北京通信电信博物馆的。捐赠时，在纸张的页边上有这样几行手写的文字：

> 此件为我国首台长话自动计费计算机的程序操作表，编制于1966年春，相关的全套逻辑图纸，现已无从寻觅。此件打印于1967年秋。编制人：解晓安 2009/12/17 于北京

这又是怎么回事呢？原来，就在这不起眼的一件展品背后，却见证着一件中国计算机与通信产业破天荒的大事，同时见证了一段火热的岁月。

就让我们回到50年前，看看这几页草纸后面隐藏着什么故事。

1964年邮电系统开展学习大庆石油会战经验活动，邮电部开始进行代号为"6401"的新技术设备研制和通信建设大会战，成立了会战总指挥部及前线指挥部，任务是研制600路同轴电缆载波传输系统和600路微波系统，另外还包括多种通信业务设备。"6401"会战总指挥部抽调各方科研技术精英，组成了若干个大队，其中第九大队由邮电部设计院、研究院、京津两地电信局和长春邮电器材厂的专家和技术人员组成，由当时长春邮电器材厂厂长吴昆任大队长，

邮电部设计院罗宗贶为总设计师、解晓安为副总设计师，长春邮电器材厂王大路为总工艺师、张为民为副总工艺师，核心任务是负责研制长途电话全自动及半自动交换设备。在任务最繁忙的时刻，第九大队的人马达到近百人，集中在长春邮电器材厂的大厂房里，分头进行电路的设计和试验，我们可以想象当时紧张忙碌、热火朝天的工作场面。

1965年10月，在长话集中自动计费设备的方案讨论中，部分技术人员主张采用当时国际上沿用且成熟的由继电器控制的机电式方案，并有先前从瑞典引进的计费设备，可作为样板加以仿制。但罗宗贶和解晓安坚持采用电子计算机技术，以替代笨重、落后且耗资的机电式方案。

中国首套长途电话计算机计费设备程序操作表

当时哈尔滨军事工程学院（现国防科学技术大学）已经研制成功我国首台晶体管计算机——441-B。1966年1月，罗宗贶和解晓安奔赴哈军工，向学院详细说明了需求，学院技术人员也同意计算机计费方案。自动计费的基本原理是按长途电话的通话时长，及不同地点的通话对方的费率，统计单位时间内发送不同数量的脉冲，利用这一简单的方法，实现长途电话按次自动计费。

由于当时大家对计算机技术并不熟悉，况且离1966年9月25日需要完成任务的日期又很紧了，很多人担心任务完不成，不同意采用这一方案。不过这个方案获得会战前线指挥部的重视和支持，邮电科学研究院副院长、前线总指挥梁健亲往哈军工听课三天，在哈军工领导的大力支持和计算机系老师的指导下，他们很快了解了441-B计算机的基本原理和主要技术，就地决定计费设备上马计算机。罗宗贶、解晓安等人前后三次前往哈军工，就研制和生产等具体问题进行讨论和沟通。

随后第九大队组织了一个专门研制生产长话自动计费的小分队，由副总设

解晓安（左二）及中外通信专家2010年参观通信电信博物馆

计师解晓安负责，带领了十几个刚从大学毕业不久即来参加会战的新职工，奔赴哈军工，进行长话自动计费设备的研制生产。同时由长春邮电学校来第九大队参加会战的同学中，抽出十几个同学，到哈军工所属四海厂，参加长话自动计费设备的生产工作。

"文革"开始后，部分人员被调回原单位参加"文化大革命"，研制受到一定影响，不过整个过程并没有停滞。就在1966年底前，使用我国首台晶体管计算机441-B的长途电话自动计费系统完成设计，并投入生产，计费精度为6秒（这一标准使用至今）。1967年夏，设备运到北京电报大楼安装（当时长话大楼还未建），在京津长话电路使用，这是我国长途电话首次实现自动计费，也是我国自主研制的晶体管计算机在通信方面的第一次成功应用。

1972年，日本邮电省代表团访华，在参观北京电报大楼的这套长途自动计费设备时，感叹日本此时尚未使用计算机计费，而中国已经在1965年就研制计算机自动计费了。2007年2月7日，原邮电部副部长朱高峰院士向"中国通信市场年度盛典暨中国通信界新春晚宴"致函，特意感谢当年哈军工对中国电信业发展做出的无私奉献。

经过50年岁月，尤其是经历"文革"以后，很多资料文献已经荡然无存，包括中国第一台晶体管计算机的实物也早已消失在岁月长河中，这份当年由解晓安编制的"操作表"显得弥足珍贵。2009年，已经80多岁的老专家、原邮电部电信总局总工程师解晓安在本展品上签署了鉴定意见。不想一年多后，解老也永远离开了我们。今天，我们没必要去解读操作表上的具体内容，这并不妨碍薄薄的三页纸所承载的这段厚重的历史。如果将来建成中国计算机与信息博物馆的话，它也将同样具有重要的史料和科学价值。

国家的神经网

1800路同轴电缆载波增音机

在北京通信电信博物馆中，陈列着一件黑漆漆的笨重铁家伙，别说年轻人不认识，就是没有从事过长途线路工作的"老电信"也不一定见过，它就是电缆载波增音机。为了克服长途线路对信号的衰耗，线路上需要每隔一定距离就安设一部增音机，用来放大信号，而且越是载波频率高的线路，增音机间隔越密。以1800路载波为例，需要每隔6公里就装设一部这样的增音机。我们可以算出，北京—广州2700公里的线路上要安装450部！这个展品就是从已退网的京—汉—广电缆线路上收集到的，它在博物馆中静静地陈列着，向人们"讲述"着长途电缆时代的辉煌。

对于刚刚成立的新中国来说，长途通信网就像主干神经和中枢神经，对于迅速传达政令，沟通地方与中央起到关键作用。但是，刚刚解放时，北平周边的长途线路要么毁于战火，要么被国民党当局破坏，已经所剩无几，北平与外界的有线通信也全部中断，只能依靠无线手段通信。为此，解放军军管会提出保证通信联络"解放一城，通达一地"的要求。北平电信局立即开始抢修周边的长途通信线路，中断的业务陆续得到恢复。北平至张家口、石家庄、唐山、大沽、沈阳以及济南等地的有线电路先后开通，至1949年底，北京的长途电话电路有67路。至于北京的国际长途电话，新中国成立前几乎等于零，只有在日伪时期开放了北京至日本东京和大阪的国际长途电话业务。在北京长话大楼建成之前，北京长途电话唯一的出入口设在厂甸南局，这里也是长期以来北京电话总局所在地。当时的长话业务沿用着日伪时期安装的3C型共电人工长途接线台。

20世纪50年代技术人员在厂甸南局测试载波机

1950年1月25日~2月9日，邮电部召开了第一次全国电信会议，会议主要议题是为了适应国家建设和经济繁荣的需要，统一全国电信；并拟定1950年全国电信恢复建设计划，其中包括以北京为中心，恢复建设全国主要长途干线通信网；建设北京国际电台，以解决国际通信、对外广播和新华通讯社新闻传播的需要；整修加强首都的市内电话等内容。这次全国电信会议在1949年7月华北电信会议基础上，进一步明确了北京的全国电信中心地位，这次会议奠定了以后若干年内国家电信业的管理体制和网络布局。

在国民经济第一个五年计划期间，邮电部重点建设了以北京为中心的全国长途明线干线网。所谓明线，就是没有绝缘层的架空导线，可以通过载波方式实现同时传输多路电话。1957年底，北京至各大行政区中心以及除台北和拉萨外的各省省会、自治区首府都开通了直达长途电话电路，北京的长途电话电路有143路。这对于新中国初期的经济建设和政令畅通起到了巨大作用。此时的长途传输技术手段主要是12路载波方式。

提到12路载波，这里不能不说一下中国第一套12路载波系统的开通。在1940年以前，北京的长途电话使用的是明线实线，也就是说一对线路只能满足一对电话用户通话，其他用户如果挂发相同方向的长途电话，在没有富余线路情况下，只能排队候线，线路利用率极低。1940年北平至张家口开通了3路载波机，这是北平第一次使用明线载波，这样在一对线上就可以同时满足4对电话的通话。与此同时，北平至天津埋设了无负荷地下电缆，开通了10套5路载波系统，这个系统在新中国成立后多次经技术人员改造，一直沿用到20世纪90年代。新中国第一套12路载波设备，原本是抗日战争期间，国民党政府从美国进口的，计划安装在陪都重庆至成都之间，但没等安装，抗战就胜利了。于是被运到上海，尚未安装，上海就解放了。这套设备被铁道部分别运到安徽芜湖和山西榆次保存。邮电部在建设全国长途通信网时，经过多方查询，找到这套设备，计划安装在北京至石家庄之间的长途线路上。技术人员们是第一次接触这套"美式装备"，而且由于受潮和多次运输，设备已经无法使用，在既无图纸资料，又无备品备件的情况下，技术人员克服了很多困难，想尽了办法，付出了艰辛的努力，最终使所有通路恢复正常。1952年9月20日，北京至石家庄12路明线载波电路正式开通，这是我国第一套12路载波系统。

明线系统的维护是比较麻烦的事情，由于载频较高，容易受天气气候的影响，也容易发生串音、混线、断线等故障，为此长途线路沿线都设有线务段，分段负责长途线路的维护。1969年1月，华北地区发生大面积冻雨冰凌灾害，通信线路受冰凌影响，发生断线倒杆，北京至华东、中南、西南、新疆等地区的明线通信全部阻断。维护人员只能依靠人工方法，徒步沿线路去敲碎附在线路上的冰凌。这起通信灾害引起国家的高度重视，周恩来总理要求邮电部门加快干线电缆和微波的建设。于是邮电科研部门通力合作，加快了研制电缆载波和微波载波系统的步伐。

那时的长途电话，以人工长途为主，中间要经过几处话务员的转接才能通话。例如从北京要鞍山钢铁公司，北京的电话先拨叫113号，进行挂号，然后等待北京长途台—沈阳长途台—鞍山长途台—鞍山钢铁公司逐个叫通，北京长途台的话务员再回拨北京的电话用户，这样才能通话。这个过程可能会很漫长，因为连接各地的长途电路数有限，被占用时就要排队等待。早晨挂号，晚上才通话并不新鲜。而且线路越长，接转次数越多，通话质量越差，即使大喊大叫，甚至钻到桌子底下也不一定讲得清、听得明。普通市民家里没有电话，如果有急事需要挂长途时，就必须到长话局营业厅挂号。而且长途电话费并不便宜，因此在20世纪90年代以前，长途电话的主要使用者是各级党政机关、工矿企业，老百姓的主要通信手段是电报和邮政信件。

在钱钢的报告文学《唐山大地震》中，就有一段关于长途电话的描述。1976年7月28日清晨，一辆红色救护车从大震后的唐山疾驶而出，向西飞驰，一

20世纪70年代1800路中同轴电缆载波设备

路寻找着可以使用的电话，以便尽快向北京报告灾情。当到达北京东部的通州（当时叫通县）时，看到一个工厂的传达室有电话，车上的李玉林等人想借电话向北京挂长途，看门老大爷说："还挂什么电话！有等电话的工夫，车都开到了！"结果，这辆车一直开到了中南海……这就是当时长途电话情况的真实写照。

1976年7月1日，应该是北京电信史上值得纪念的一个日子。这一天，位于复兴门内的北京长话大楼竣工投产，成为北京长途电话发展的重要里程碑。按原计划，长话大楼于1959年筹建，紧随电报大楼之后，但当时正赶上国家三年困难时期，因压缩基建投资而终止；后来又赶上"文化大革命"，被迫再度下马；最后，经周恩来总理批准正式开工建设。长话大楼总建筑面积43445平方米（其中主楼24517平方米），地下1层，地上12层，主楼高87.3米。长话大楼建成时，除了人工长途话务台外，还有长途1800路中同轴电缆载波终端设备、60路对称电缆载波设备、明线载波设备、长途电话自动交换机等长话设备。另外还在长话大楼的八层建成北京微波总站，安装了600路和960路微波载波设备以及微波天线系统。

当时，最让广大电信职工自豪的是，长话大楼从建筑设计到施工，以及全部通信设备的生产、安装、调测都由中国人自己完成，可以说是一座百分之百国产化的通信枢纽。这是新中国成立后，当时北京长途通信基础建设中最大的工程项目。长话大楼成为全国长途电话通信中心、全国长途电话自动交换网中心和中国国际电话的主要出入口局。在长话大楼的长途传输设备中，1800路中同轴电缆载波系统尤其引人注目，这也是在1969年周总理批示"五年内用电缆和微波连通29个省市"后,中国邮电科技工作者自行研制和生产的大通路通信设备。所谓1800路载波,是利用载波技术,在一条同轴电缆内可同时传送1800路电话,由于载频很高,必须用同轴电缆才能满足传输要求。1800路载波系统相继在北京—上海—杭州、北京—汉口—广州等长途干线上开通,缓和了长途通信电路的紧

1976年7月建成的北京长话大楼

张状况,也使长途电话通信质量得到保证。20世纪80年代以后,邮电部第六研究所总工程师朱高峰(后曾任邮电部副部长、中国工程院副院长)设计研制成4380路载波系统,当时已经达到国际先进水平。至1986年底,全国长途电缆线路总长达到2万多公里,明线杆路总长达到30多万公里。这些长途通信线路,成为中国大地上一条条大神经,连接着各个省市,连接着首都与地方,成为一张国家的神经网。随着20世纪90年代光纤通信的兴起,电缆载波逐渐被光缆数字传输所取代,1998年初,京—汉—广中同轴模拟干线正式退网,标志着自70年代以来长途电缆通信阶段的终结,一张更大容量的光缆"神经网"已经建成。

为了六十一个阶级弟兄

自新中国成立以来，通讯事业发展迅猛。这其中，长话事业的建设与发展，不仅扩大了通话的范围、加快了信息传递的速度，更拉近了各族同胞的距离，也为增进民族情感起到了积极而深远的作用。另外，在国家领导人出访、外国首脑来访、重要会议、卫星发射、体育盛事以及抗震救灾、抗洪抢险等突发事件中，更是立下汗马功劳。

相信60岁以上的人，一定都还记得当年轰动一时的"平陆事件"。

在1960年2月2日晚上6点左右，山西省平陆县风南公路张沟段有61名民工发生集体食物中毒事件，医务人员立即赶到现场抢救。喝绿豆汤、甘草水解毒，均无效！最后不得不注射吗啡，但仍然不起丝毫作用。

医务人员使用了各种办法，都没能让民工们的中毒症状得到任何缓解。这是因为民工们中的是砒霜的砷毒，也是剧毒。必须用特效药"二巯基丙醇"才能治愈。而这种药又必须在2月4日黎明前给病人注射，否则就有死亡的危险。

但在平陆县这样的小地方，这种药品又是极其匮乏的。而此时形势十分危急，就如箭在弦上，要想在4日黎明前给病人注射上这种药，必须以最快的速度找到药源。最后医务人员不得不寻求中央的支援。

一场与时间赛跑的紧急救援行动开始了。平陆县县委连夜向中央卫生部、特药商店挂特急电话！中央利用电话再次进行统一调度，各部门相互配合，协同作战。此时，长途电话也就成了抢救生命的跑道。在当时那个特殊的时代背景下，平陆事件几乎无人不知，无人不晓。在这次千里救急的突发事件中，或许很少有人注意到，长途电话在整个救急事件中所起的至关重要的作用。

一方有难，八方支援！抢救同胞兄弟的生命迫在眉睫，容不得半点耽搁。在整个调集药品、抢救中毒人员的过程中，位于北京厂甸南局的长途台，实际上已经成了总调度枢纽，长途电话成为连接首都与平陆以及各个相关单位的生命线。经过各方面的努力，终于在事发第二日深夜，一箱来自北京新特药商店的二巯基丙醇救命药品，通过空投送达平陆县。当地61个中毒民工因此脱离了生命危险。经过调查，这是一起人为的投毒案件，投毒者也受到了应有的惩罚。

20世纪60年代初期的北京长途话务台

事后，《中国青年报》刊发了记者王石、房树民撰写的长篇特写《为了六十一个阶级弟兄》及长篇社论《又一曲共产主义的凯歌》，《人民日报》、《解放军报》等很多报纸都进行了转载，还上了中学语文课本，文中也多次提到了电话的重要作用。北京电影制片厂以此为素材，

电影《为了六十一个阶级弟兄》影碟封面

摄制了故事影片《为了六十一个阶级弟兄》，我们看到，现在出版的这部影片的光盘封面上，就用了三个手持电话的人物头像特写。

当时，如果没有长途电话，没有北京长途台，山西与中央就无法在第一时间得知中毒事件的发生；如果没有长途电话，要想让各个部门行动一致、迅速调集药品或是准备运送紧急药品的交通工具，在那个年代是一件相当困难的事；如果没有长途电话，救命药品根本无法在这么短的时间内送达。长途电话的使用无疑成为此次救援行动的幕后英雄。

今天，尽管已经有了便捷的互联网通信方式，如微信、QQ、电子邮件等等，但我们在联络远方的亲友或是进行业务洽谈的时候，长途电话仍然是不可或缺的通讯手段。

南局沧桑

我们终于说到南局了,这是一个在北京电信史上曾经举足轻重的电信局所。南局出现得很早,前面我们已经多次提到,之所以这么晚才专门说它,是因为南局的重要地位一直保持到当代。

话说1909年6月17日,清政府邮传部以北京电话用户剧增和设备容量太小为由,提交两份奏折恳请朝廷恩准,一折曰"改良电话购换新机",一折曰"请拨给琉璃厂废窑余地一隅,俾得建立电话局"。当日,两份奏折以"均着依议"获准。1910年9月25日,这个位于琉璃厂废窑空地的电话局竣工,这就是最初的南局。它的地点就在今天和平门外厂甸胡同内,也就是南新华街中国书店后面。之所以叫南局,是相对于灯市东口的东局而言的,清代南局的建筑形制与东局几乎完全一样。紧接着,清政府采购了新的共电式交换机,替换了原来的磁石交换机,北京城内电话得以改良。1911年4月1日,北京电话总局也由灯市口迁至南局。南局地处北京外城闹市,紧邻前门、大栅栏等商业区,用户中商贾铺号占了很大比重,因此,话务量始终占据京城首位。例如1916年某日电话用户要号总数:南局7.6万次,东局4.5万次。

清朝时期,长途电话并不完善,市话和长话在设备上并没有明显区分,虽然有专门的长途交换台,由于长话线路不多,都是与市话共用交换机房。日本占领北平后,把南局改造成以长话为主的通信局。1939年在清代南局院内新建了一座三层机房楼(局部四层),建筑面积5285平方米,全部为钢筋混凝土结构。1941年7月27日,安装开通6100门自动电话交换机用于市话交换,另外大量安装了长话机械设备和日本3C型人工长途话务台，南局由此成为北京第一所长途电话局。在北京长话大楼建成之前，这里也是北京唯一的长途电话进出口，这些人工长途台和日伪时期埋设的长途地下电缆一直沿用到20世纪90年代。

20世纪40年代北京电信总局大楼（南局）

据说南局院内曾有一眼泉水，清澈见底，常年不枯。日本占领后，泉水却干涸了，昔日景象不再。不想日本投降后，泉水又恢复如初，颇为神奇，于是重新进行整修。当时的北平电信局局长亲自撰文树碑，名之为"复兴泉"，成为南局一景。这块石碑现在就陈列在北京通信电信博物馆。

电话南局院内"复兴泉"石刻

早在20世纪40年代后期，就规定用局号代替局名，比如南局被称为3局，但是大家一般还称呼为南局，显得亲切熟悉。新中国建立后，南局多次扩容并积极应用先进设备。新中国成立初期，清代楼房已不再承担通信任务，因此很早被拆除了，扩建成厂甸电话局。20世纪60年代初，南局由3局升位为33局。60年代中后期，南局成为全国第一个电话"万门局"。为避免混淆，我们姑且把日伪时期建成的机房楼称为南局，把同址新建的市话局称为厂甸局。1969年，南局老机房楼内设立郊区人工长途台，负责北京10个远郊区县的长途电话汇接任务。那时，市区与郊

郊区长话118台

区的电话不能相互直拨，北京市内的自动电话用户要拨叫郊区的电话，就要先拨打"118"郊区长途台，通过郊区台联系郊区县的电信局，再接通用户。而郊区的用户拨叫市区电话，需要通过本区县电信局长途台话务员与118台联系，才能接通市区电话。从1969年直至1994年全市程控电话联网为止，118台一直承担着北京市区与郊区之间人工长话汇接任务。1987年，厂甸局开始安装数字程控交换机，成为市话程控网汇接局之一，也是郊区与市内双向直拨自动电话的郊汇局。可以说南局虽然在市内，却为广大郊区电话用户的联系做出了重要贡献。另外我们熟知的114查号台（包括其前身04查号台），也是设在南局的。在人工查号台时代，每个话务员要熟记1500个常用电话号码才能上岗。在50年代北京电报大楼建成之前，北京第一个微波总站也设在南局。20世纪90年代以后，北京郊区电话查号台、郊区电话计费中心也都设在南局。可以说，在南局的历史上，曾集长话、市话、郊话、无线、查号服务于一身，因此，南局被看做是最早的综合业务局所。

据老职工讲，80年代在南局扩建时，曾在挖地基时掘出很多陶制的"地雷"空壳，因为这里是明代窑地旧址，因烧制琉璃瓦，故名琉璃厂。这些地雷外形就像是长满刺的陶罐，当时的人们不了解它们的用处，也没当回事，就给打碎了，要是现在，这可都是文物啊。可见明代的琉璃厂不光只烧琉璃瓦，还是"兵工厂"呢。

1988年，北京10万门程控电话工程全部开通，其中厂甸局作为5个程控汇接局之一，开通程控交换机（301局）1万门。1992年开春，又开通303局程控交换机1万门，南局老机房内的33局步进制交换机用户全部割接到程控局，作为北京最大一个步进制交换局向数字程控交换割接,这在当年曾是轰动一时的重大新闻。

由于南局地理位置狭窄,难以继续扩建,虽然它曾集中了各种主要通信业务,但无法满足长久发展需要,因此自20世纪50年代电报大楼建成开始,南局承担的业务陆续分离出去。

人工查号台时代的工作场景

1958年,电报大楼建成,微波总站从南局迁出;1976年,长话大楼建成,长途电话业务从南局迁出;1987年,114查号台从南局迁出;1992年,老机房楼机电制电话全部割接到厂甸程控局;1994年,全市程控电话联网,118台郊区长途台停用;2003年,全市114查号台合并,郊区电话查号台撤销。

20世纪80年代,114台话务员们走出南局

至此,日伪时期建成的老机房楼内承担的通信使命全部结束,成为生产辅助用房。由于地理环境的狭窄局促,南局老机房楼后来再也没有承担通信任务,可能也正是如此,才使老楼保留至今,没有被拆除或大规模改造。现在,南局老机房楼仍静静地矗立在厂甸电话局院内。今天,北京地区清代建成的通信所已经全部无存,而这所见证北京通信百年发展的老建筑,是目前保留下来的最早、最完好、也是最重要的通信局所建筑,我们希望它能继续保留下去,向后人讲述北京通信的百年沧桑。

山头精神

在北京通信电信博物馆的二层,有一个"微波通信,空中接力"的展区,展示了微波接力通信曾经的辉煌。

微波通信属于无线电通信,与短波相比,微波的频率更高,波长更短。通常把频率300兆赫兹~3000吉赫兹(波长1米~0.1毫米)的无线电波叫做微波。对于微波,我们接触最多的莫过于家里的微波炉,那是利用微波的高频电磁场,使食物中的水分子发生剧烈运动从而加热食物。如果给微波携带上有内容的信号,微波就是一种良好的通信载体。微波不但能传送电话,还可以传送电视信号和图像传真信号,而且微波比短波抗干扰能力强,在很多场合,微波是可以代替电缆传输的,所以微波在长途通信领域,可谓独领风骚。

不过,微波有一个最大的特点,那就是沿空间直线传播,不会拐弯,所以信号很容易被障碍物阻挡。即使途中没有障碍物,当两个微波站距离很远时,由于地球表面曲率的影响,也不能传递过去。所以大约每隔50公里(也称为视距)就要设一座微波中继站,而且一般架在山顶上。微波中继站如同一个个接力棒,把上一站收到的信号放大后再发送给下一站,因此传统的微波通信也叫微波接力通信。

在博物馆微波通信展区,有一个庞然大物,这个展品就是微波中继站的天线,它曾安装在平谷四座楼微波站,承担北京—沈阳—哈尔滨微波电路的中继任务。与短波电台的线状天线不同,微波天线一般都是面状天线,学名叫抛物面天线,也被俗称为"锅"。微波信号从"锅"中间的馈源发送和接收,通过

20世纪60年代电报大楼内微波站

博物馆内陈列的20世纪80年代使用的微波收发信机

抛物反射面汇聚在中心，这类似于探照灯，可以把信号发射到很远的地方，同时也能接收到很弱的信号。

我国第一套微波通信电路建在北京至保定之间，那是1957年11月建成开通的，设备从民主德国引进。在北京厂甸南局设微波终端站，途经周口店、徐水，到达当时的河北省省会保定。周口店微波站是北京第一个微波中继站，建在周口店镇北面300多米高的山头上。原北京无线通信局局长、"老微波"刘树声回忆，那时他被分配到周口店微波站工作，当时山上没有公路，技术人员与当地社员一起，人背肩扛把各种建筑材料和通信设备运到山上。其中油机发电机有几千斤重，12个人花了一天时间，沿着陡峭狭窄的山路，终于把发电机搬到了山头。开始时山上没水没电，初冬时节，山上夜晚寒冷无比，技术人员挤在一盏煤油灯下继续学习技术，夜里睡在草帘子做的地铺上。就这样，经过紧张艰苦的安装调测，1957年11月27日，京保微波电路全线开通，那时，刘树声刚满19岁。

山头上的设备虽然先进，但山头上的生活却很艰苦。周口店微波站人员最多时也只有五六个人，平常只有三四个人。不但要负责通信值班和设备维护检修，还要生火做饭、扫地掏厕，此外必须要学会一样技能，那就是喂毛驴、赶毛驴。由于山上没有公路，不能走汽车，值班人员要自己赶着毛驴，下山买粮买菜。山头上用的水也要赶着毛驴下山去驮，每次上下山归来都是满头大汗、气喘吁吁。后来，他们自己在山顶上种菜。就是这样的环境，大家却乐在其

20世纪70年代长话大楼960路微波通信设备

北京微波载波站机房

中。有事情大伙儿抢着干，彼此之间团结友爱、互相谦让，见困难就上，见荣誉就让。

刘树声、刘焕荣、赵金祥、曹永明、王双增等这些刚刚走出学校大门的年轻人，都曾来到这远离城市、渺无人烟的周口店山头上工作，并从此在无线电通信领域辛勤工作了一生。青年时期的锻炼，为他们今后成为

北京第一个微波中继站周口店站员工合影

无线电通信专家和走上领导岗位打下了基础。博物馆中展示的这张照片，就是赵金祥、王双增等人在周口店微波站的合影。照片中，我们丝毫感觉不到他们生活的艰苦，每个人的精神状态都是那么自信、那么阳光、那么充满朝气。当年的风华正茂，奉献给了微波通信事业，奉献给了大山。

邮电部于1958年开始研制国产60路微波通信设备，并于1959年在北京至天津之间做试验电路，设万庄和杨村两个中继站，可以传送60路电话和1路黑白电视信号。1964年，邮电部组织了微波设备研制和通信建设大会战，简称为"6401会战"，北京微波站是当时研制微波通信的试验基地。1964年12月京津微波电路试通，这是第一次使用国产设备建成的微波电路。此后，邮电部在微波电路上正式开放了电话和电视业务，广播事业局决定把中央电视台（当时叫北京电视台）的电视节目传送至天津，于是天津成为我国第一个通过微波远距离收看中央电视台节目的城市。从这时起，微波电路就与广电部门结下了不解之缘，除了传送电话外，微波电路很大的一项任务是为广电部门传送电视节目。

1964年，邮电部研制出600路微波和载波设备，1965年在北京至万庄开通试验电路。在此基础上，邮电部决定建设长距离微波电路。我国第一条长距离微

波电路从北京经太原至西安，简称"京—太—西"，这条电路代号为202（此前北京至天津代号201）。1968年，北京—太原段60/120路微波电路试验转播中央电视台黑白图像节目。

就在全国微波建设方兴未艾之时，由于无线特高频电路上发生了一起泄密事故，于是邮电部要求全国停止开放微波和特高频电路。一时间，全国微波干线电路只作电视传送使用。事情经常是凑巧的，没想到就在转年1969年1月，出现严重的冰凌灾害，北京至华东、中南、西南、西北的长途明线通信全部中断。周恩来总理非常着急，立即召见邮电部领导，对我国通信状况连着说了好几个"落后"，并询问为什么不用微波和地下电缆。当得知微波通信因泄密事故而停开时，周总理指示："微波通信失密到什么程度，在多大范围内可以保密，你们要进行测试，拿出数据来，不要轻易否定微波通信。"根据周总理的指示，邮电部立即组织技术力量，并通过空军、海军方面的协助，对微波通信在陆地、海上和空中的保密问题进行了测试。当年9月，向国务院提交了翔实的测试报告，周总理在10月19日批示"要在1969年至1973年5年内用电缆、微波连通29个省市"。就这样，微波干线建设再次如火如荼地展开了。

1973年底，北京用600路微波系统首次向西安、四川传送中央电视台彩色电视节目信号。至1978年，北京微波站已向全国26个省会城市传送彩色电视节目。当时中央电视台的节目，全部经由这些微波干线传送到全国各地，各省台的电视新闻也由微波电路回传到中央台供新闻联播选用。

微波电路不但能传送电视节目，还可以传送报纸版面。1974年起，北京电报大楼用微波电路，向各主要省会城市传送《人民日报》等报纸传真版面，然后在当地印刷，使当地读者可以看到当天的主要报纸。之前这些报纸都是在北京印刷好后，空运到这些城市，或者把报纸版样空运到当地印刷，称为"航空版"。

20世纪60~70年代，微波通信成为首都长距离大容量地面干线无线传输的主要手段。唐山大地震时，京津之间同轴电缆全部断裂。而此时6个微波通道却安然无恙，为了解震情、救助伤亡等信息的及时传递发挥了极其重要的作用。

博物馆中保存着两张已经发黄的、画着密密麻麻符号和线路的图纸，别

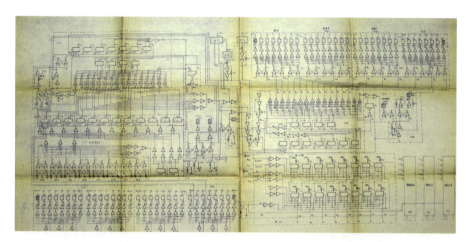

李望禹设计绘制的微波站自动控制机逻辑电路图（之一）

说外行，就是专业人士来看，可能一时也弄不清楚。这是北京信息产业协会秘书长徐祖哲先生捐赠给博物馆的。这两张图就是中国电信业最早使用集成电路的数字设备图纸——1976年的微波站无人值守自动控制机逻辑电路图，具有重要的史料价值。

这两张图纸用于"7426"微波工程无人值守控制机，是由西安邮电503厂李望禹设计并绘制的。设备使用国产TTL集成电路，1976年在960路微波京津试验电路上使用，安装在北京长话大楼、万庄、杨村微波站，是我国第一个成功使用集成电路构成微波无人值守的远程监控系统。

李望禹是北京人，在西安邮电503厂工作期间，参与组织"7426"微波工程的技术研发，完成了集成电路的远程监控设备。为抢回在"五七干校"耗费的时光，他争分夺秒地每天工作十几个小时，一个人不仅要设计全部逻辑电路，还要带领其他人完成器件的测试、电路板设计与检测，包括机架电源和机械安装、地线、部分零配件的选型与采购。因为长期超负荷工作，他曾经做过胃切除的身体逐步衰弱。为了把全部精力投入技术攻关，他把个人的生活内容与水平降到了最低限度，几乎全天候地投入了工程试验。

1976年夏天，在北京—天津960路微波试验工程中，万庄和杨村站的所有设备工作状态都实现了近100公里的远程遥信、遥控。

病中的李望禹与技术人员一起讨论（照片承章英女士惠允使用）

1977年3月，李望禹的左臂开始疼痛，并逐渐变细，在项目通过国家鉴定的时候，他的左臂已经不能活动，整夜不能入睡。严重劳累导致病情继续发展，他忍着巨大病痛坚持上班、出差、试验测试和接待来访。1978年1月5日，在北京举行的电信规划会议中，李望禹病情恶化，从会场被直接送到北京医院住院。这时发现他的胳膊疼痛源于身患癌症，已到晚期，左臂早已骨折，肺癌转化到骨癌晚期。他仍强忍病痛口述多项技术问题，尽量把研究成果留下，直到临终前三天还在继续，却没有用更多的时间来安排个人家务……去世时，年仅41岁。这两张图纸，不仅记录下我国电信科技史上的"第一"，也见证了一个普通科技人员，在没有任何"物质回报"的时代，一心一意开拓创新的责任感，体现了这一代人对祖国赤诚的情感。

从微波电路建设回到中继站的话题上。1969年，北京至保定微波电路完成了它的使命，周口店中继站随之撤销。同时在房山县黄元井村旁的小山上建起了京—太—西600路微波干线北京端的第一个中继站。当时出于战备考虑，微波天线隐蔽在开口的水泥地堡中，从空中很难发现。在"深挖洞、广积粮"的时期，微波站都选择在北京周边的山区。此后，北京周边相继建成平谷四座楼中继站、房山百花山中继站、涞源白石山中继站。这些中继站虽然比起最初的周口店站来说，生活条件大有改善，但都是建在海拔2000米以上人迹罕至的山头上，尤其冬季大雪封山时，补给十分困难，与城市里的工作环境还是不能相比。

1976年北京长话大楼建成后，在长话大楼的七层设微波载波站，八层设北京微波总站，再向上的塔状结构里，其实就是面向四面八方的微波天线，外面用玻璃钢材料装饰起来，成为全国微波干线网的中心。这里提一个小插曲，就在唐山大地震前的1976年7月26日，北京至天津微波电路万庄微波站，信号突然

长话大楼七层和八层分别是北京微波载波站和北京微波总站

出现了前所未有的异常衰落，而且地震前电离层被强烈扰动，短波信号也曾一塌糊涂。可惜在当时都没有引起广泛注意，地震后人们才知道这是一项重要前兆。这件事被记录在国家地震局后来编写的《一九七六年唐山地震》一书中。

20世纪70年代末至90年代初，是微波通信最辉煌的时期，不但承担全国电视节目的传送，北京的长途电话也在很大程度上依赖微波传输，最高峰时曾承载了三分之一的话务量。1990年京沪1920路数字微波电路建成，这是我国第一条数字微波通信干线。此后全国数字微波电路相继建设，截至1997年底，全国数字微波干线总长6.6万公里。读者可能不了解，在20世纪80年代，中央电视台的《新闻联播》、《春节联欢晚会》及各种重大体育赛事的转播都离不开微波的功劳。除夕夜，当你在电视机旁收看央视春晚的时候，全国微波通信站的工作人员正为你守护着信号的传送。

20世纪90年代，国内开始大规模地建设光缆干线，微波通信的业务承载量日益被取代。2000年之后，各地的干线微波站陆续退役。中国电信南北拆分后，调度配合更加不方便，一些微波设备处于半闲置状态，微波中继通信退役成为一种不可逆转的趋势。2006年6月23日，房山微波站正式关闭，至此，在北

房山微波站天线

京运营了近半个世纪的长途主干微波电路全部关闭，其承载的业务由光缆、卫星等媒介替代。

　　从事过微波通信的人见面后有一句独特的寒暄问语："您是哪个山头的？"这句与众不同问话的背后是微波人特殊的工作环境和由此形成的工作态度和职业精神。由于微波站都建在山头上，所以从事微波工作的人都自称为"山里人"。这些"山里人"都有一个共同的特点，那就是在工作中表现出来的可贵的"山头精神"。什么是"山头精神"？"老微波"刘树声对此的解释就是：艰苦奋斗、忠于职守、刻苦学习、勇于实践。

　　微波接力通信作为一种通信技术虽然光荣退役了，但是微波人身上的"山头精神"时时激励着这些"山里人"，也影响着周围的同事。虽然时过境迁，但是"山头精神"并没有过时，希望它成为企业和社会的一笔精神财富，激励着人们在新时期为通信事业的发展做出新的贡献。

房山微波站远景

电信徽志谈故

电信徽是电信行业的标志，也就是今天我们常说的LOGO。在中国百年的电信史上，电信徽也是几经变化，我们在这里不妨简单梳理一下。

大清国时期，中国的电信业刚刚起步，还没有专门的标志。那时候，别说电信标志，就连大清国的国旗尚且没有一个统一的样式。直到1888年，在李鸿章等人的呼吁下，终于确定将本来是海军军旗的"黄底青龙戏红珠图"定为大清国旗，从此中国有了第一面正式的国旗。而电信标志也是在这个时期逐渐出现了。清朝的北京电报总局门前就悬挂着龙旗，这意味着电信业已经是国家的象征了。我们看清朝时北京胡同里的电报局照片（见52页），门前虽然没看到龙旗，却有一个巨大的龙头标志，与"电报局"三字在一起使用。

中国第一个电信标志诞生在清朝灭亡后的1928年，交通部正式颁布了电信标志，从此中国的电信业有了鲜明的视觉形象。博物馆中陈列的这面旗帜就是中国最早的电信标志，它以宝蓝色为底，白色为图案。以汉字"電"的篆书体下半部分为主体，同时融入了西方字母"ELE"，这是TELEPHONE（电话）、TELEGRAM（电报）、WIRELESS（无线电）三个英文单词的共有部分，充分体现出"中学为体，西学为用"的原则，可谓融贯中西，简洁巧妙。同时，我们在这个电信标志中也隐约感觉到了民国政府"青天白日"旗帜的味道，寓意着电信的国家属性。我们现在无法知道这个标志具体设计者的名字，但这个标志影响深远，一直沿用到新中国的人民邮电徽中，甚至现在，我们在一些电信管道的井盖上还常能见到。

1928年交通部选定的电信旗

"华北电电"时期的电信旗

日伪时期电信职工佩戴的徽章

民国时选定的电信徽在今天的电信井盖上依然可以看到

日本占领北平后，成立了日本控制下的"华北电电"公司，对占领区的电信标志做了改革。大概是为了让中国人在感情上更乐于接受，日本人并没有另起炉灶重新设计一个电信标志，而是对原有标志略加改动，把原来的长方形"电"字改成了圆形，颜色也从蓝色改为红色。粗看觉得这个改动似乎没有必要，但细细一品味，猛然发觉这个标志隐隐地透出日本太阳旗的味道，也就寓意着中国的电信业此时已经归属于日本控制之下了。这个标志在日本占领期间，被广泛用于电信行业的各种物件中：旗帜、证章、纽扣、帽徽、稿纸、办公用品……

抗日战争胜利后，沦陷区的电信标志又恢复为交通部的"电"字标志，直至新中国成立。新中国的邮政和电信合并在一起，成立了邮电部。但新中国邮电徽的诞生，却经历了一个漫长又曲折的过程。

1951年，邮电部在广泛征集图稿的基础上，公布了用"邮"、"电"两个字形组成的五角星证章图案。但当时规定"邮电证章并非邮电徽，不得以证章图案当作邮电徽来使用"。1954年，邮电部向全国邮电系统发出征集邮电徽的图案的通知。1958年10月邮电部办公厅还特地发函请中央工艺美术学院协助设计邮电徽图案。1964年10月，邮电部向国家经委及国务院提请审核邮电徽图案。这个图案是由红底、金边和图案中间的白色信筒与其两侧的"ΕƎ"形组成。关于图案的意义，请示中解释为："信筒代表'邮'，由信筒与两侧的'ΕƎ'体组成电字代表了'电'，红底代表党旗的颜色。整个图案象征我国邮电事业在中国共产党的正确领导下，为社会主义革命和社会主义建设服务。"国务院很快批复同意邮电部提请审核的邮电徽图案，于是邮电部于1965年3月18日刊登公告公布邮电徽图案，规定自同年5月1日起正式使用邮电徽。但是邮电部随后又于4月28日通知各地暂停绘制使用。在对原图案的比例、颜色做了部分修改后，7月28日，邮电部办公厅通知各地正式执行，并于8月5日刊登公告。因此，新中国正式使用的第一枚邮电徽图案发布日期应为1965年8月5日。

新中国第一枚邮电徽

虽然新中国的首枚邮电徽从征集到公布执行经历了10年之久，但它的使用期却非常短暂。因为紧接着受"文革"的影响，邮电系统进入空前的混乱期，邮电部被撤销，各地电信局相继实行军管。1968年，军管会通知在一部分场合停止使用邮电徽，改用毛泽东题词手书的"人民邮电"。而按邮电徽制作的帽徽在1967年就已经停止制作了。于是这首枚邮电徽只用了不到两年就退出了历史舞台，因此并没有给人们留下多少记忆。

1973年5月，邮电部恢复。1981年6月，邮电部决定将1951年公布的"证章图案"改作邮电徽，通告全国，自7月1日起使用，1965年公布的邮电徽图案作废。这枚新公布的邮电徽，就是现在很多人记忆中的代表"邮电局"的五角星图案。它是由我国邮票及工程设计人员合作设计的，由金色五角星和红底组成圆形图案，五角星的上角和两个下角组成一个"人"字，中心和左右两个角，则由"邮"、"电"两个字组成，整个图案则表示"人民邮电"；底色是正红色，代表着中华人民共和国国旗。

这个邮电徽通行全国近20年，成为深入人心的邮电行业标志。我们可以看

20世纪80年代的邮电帽徽

到,在这个邮电徽的中心,依然能找到当年民国时期"ELE"电字徽的影子。

在这百年电信徽的梳理中,可以看到,从大清国时的龙旗,到新中国的红底五角星,电信徽(邮电徽)一直是国家符号的反映,是国家主权和国家基础设施的象征。直到2000年,按照国家的改革部署,全国邮政与电信分家,同时政企分开,电信成为完全的企业,中国邮政与中国电信启用全新的企业标志,这个邮电徽才退出历史舞台。进入21世纪后,随着我国多轮电信企业改革重组的步伐,不再有统一的电信行业标志,代之而来的是多家电信企业各自的企业LOGO,这是我们所熟悉的,此处不再赘述。

楼上楼下，电灯电话

"楼上楼下，电灯电话"，这曾经是20世纪50年代许多人对社会主义乃至共产主义的美好憧憬，也是那时很多人心中的"中国梦"。追根溯源，这句话可能来自列宁对共产主义下的一个著名论断：共产主义就是苏维埃政权加电气化。北京通信电信博物馆的电话通信展区，就是借用这句话作为标题，从而引起大家的共鸣和回忆。在这里，我们将介绍新中国北京市内电话业务的发展。

北京（北平）刚刚解放时，市内电话交换机总容量只有2.5万门（不含远郊区），电话用户只有2.2万户，每百人合不到一部电话。当时，市内有三局（厂甸）、四局（皇城根，今东黄城根）、五局（东四）3个日伪时期建起的自动局，总容量1.61万门。另外有二局（西单）、七局（南三里河）两个大的人工局，共7700门，此外还有西苑、西郊、南苑、丰台等近郊的9个小人工局，这些小局容量全加起来只有1500多门。这就是当时北京市内电话的基本格局，当时远郊区平谷、怀柔、密云、通州等8个县还不属于北京市，除门头沟和大兴黄村外，都要通过长途方式与北京通话。自动交换机与人工交换机在北京电话网上长期共存了几十年。

20世纪50年代，安装电话的主要是政府机关、企事业单位，私人住宅有电话也基本上是新中国成立前安装的。随着社会主义改造，私营企业电话也逐渐减少。那时老百姓不是不需要电话，一是级别不够，二是经济条件有限，所以国家为了照顾普通市民的通信需求，大力发展了传呼公用电话，在相当长的时间内满足了老百姓的需求，这在后面还要专门讲到。

1954年市内电话新装1.2万门捷克A40自动交换机

20世纪50年代电话局技术人员检修交换机

随着国民经济的恢复和发展，北京这两万多门的电话容量明显不足，而且设备陈旧。于是在1952年至1954年，北京市内电话完成增容1.2万门捷克斯洛伐克产A40自动交换机工程，这是新中国成立后首次引进国外自动交换机，也是新中国北京市内电话第一次大规模扩容。这批交换机一直使用到1994年，才彻底淘汰退网，现在博物馆A馆内保留着200门A40步进制交换机，成为见证新中国成立初期北京市话建设的珍贵文物。

当时北京的自动交换机使用的是5位号码，局号只有一位数。2、3、4、5、7已经使用，随着扩容，启用了6和8作为局号，新建了西单6分局和沙沟8分局，1955年新建了展览路9分局，这样2~9的局号全部被占满（1和0已用于特殊服务号码）。为了适应工业区和建筑区向郊区迅速扩展的通信需要，50年代后期，在近郊新建和改建了一批电话支局，比如定福庄、清河、太舟坞、酒仙桥、九龙山、垡头等等。1958年底，市话局所共有24个，那一年，北京电话局为近郊46个工厂安装了120部电话，其中31个工厂从来就没有过电话。

"大跃进"的年代里，人们干劲冲天，电话需求也成倍增长。1959年12月，复兴门外二七剧场路建成开通自动电话局，这是第一个使用6位号码的电话局，局号86，现在看，这个局号真是很吉利的数字。更让电信职工激动自豪的是，86分局第一次使用了国产的A47式步进制交换机2400门。从此，北京电话网开始从5位号码向6位号码过渡，码号容量一下扩充了10倍。

20世纪50年代，国家建设在探索中曲折发展，国民经济调整复苏。西方通信技术发达国家对中国进行技术封锁限制，当时的北京电信局职工自力更生、艰苦奋斗，克服设备落后、材料短缺的困难，利用现有条件，搞革新，搞发明，修造并举，保障了设备的正常运行，也提高了维护水平。那时电话局容量普遍较小，尤其是一些支局，多数只有几百门，而且自动局与人工局混合，为了提高中继线利用率，保障电话网的接通率和运行效率，电信局的技术人员可谓使出了浑身解数。

1969年11月，新建和平里46分局开通，这是北京第一个使用纵横制自动交换机的电话局，设备是2180门国产的编码制纵横交换机。所谓"纵横制"，来自它的接线器接点结构和接续过程，它的接续网络由带纵棒和横棒的电磁接线器构成纵横矩阵，因此称为纵横制交换机。触点属于吸合推压式，相比步进制交换机的上升旋转组件与滑动触点来说，磨损和噪音都低得多。国产纵横制交换机在20世纪70年代后期至80年代是北京电话网上的主流交换机。1985年12月，北京市话网纵横制交换机总容量5.9万门，比在网的步进制交换机略少。90年代初，纵横制交换机陆续被程控交换机取代。如果你想一睹纵横制交换机曾经的风采，博物馆A馆内还安装有100门20世纪80年代的纵横制交换机，仍可演示使用。

虽然北京市内电话也取得了相当可观的建设成绩，但不可否认，与长途通信相比，国家在重视程度、资金投入、技术研发等方面要薄弱不少，显得有些捉襟见肘。北京电话网上几十年的老设备，在一批批技术人员的精心维护下，一直保持着优质运行，相当不易。比如那些使用了几十年的人工交换机，插孔已经磨损，接触不良。要更新设备没有资金，要进口设备没有外汇，维护人员经过分析，发现塞孔的磨损都是由于插塞的重力作用，造成塞孔下沿磨损，于是就把整排塞孔拆下来，转一个方向再装上去。步进制交换机线弧的个别接触片磨损了，整体更换代价太高，老师傅们就想尽办法把磨损的接触片更换下来，称之为"虎口拔牙"。在这样的精心维护下，使这些原本寿命只有20年的交换机，为我们工作了50多年！现在博物馆中保存的步进制交换机，我们仔细看，能发现很多部件都经过修理、补救和更换，这就是那个年代工作精神的见证。

"文化大革命"开始后，电信的首要任务变成为党政军服务，其政治色彩被高度突出，长途通信的地位更是明显高于市内电话。尽管1971年周恩来总理已经在一份规划报告中提到"15年后北京每5个家庭要安装1部电话"，但仍有一些领导干部不理解："电话是无产阶级专政的工具，老百姓要电话有什么用？"在近十年的时间里北京市内电话发展缓慢，没有什么大的改观。在1966年至1970年间，北京电话用户数量还出现了逐年下降，平均每年减少2000户，1970年只有4.2万户。"文革"后期，又开始陆续回升。但此时交换机容量、线路、管道等已经显现出不足。1975年，已经有5.9万电话用户，但仍然有一万多部电话装不上。此时，各电话局容量已经占用达到80%以上，不少局的实占率已经超过90%。实占率过高，交换机超负荷运转，在中继线有限情况下，很多电话拨不通。而且人们越拨不通越拨，越拨越不通，形成恶性循环。虚假话务量猛增，接通率严重下降，全网的平均接通率只有50%。也就是说，打十个电话，有五个都拨不通，有时甚至一个都拨不通。人们并不理解这其中的技术原因，电话反复拨不通难免气急败坏，摔电话、骂话务员、骂营业员、骂电话局……

改革开放的大潮扑面而来，在"时间就是金钱，效率就是生命"的时代环境中，通信的重要性加倍体现出来。随着人民生活水平的提高，住宅电话也热起来。"楼上楼下，电灯电话"的憧憬似乎就要实现了。然而北京市内电话基础设施的现状与改革开放后的首都北京地位极不相称。1978年，市内电话交换机总容量只有8万门，其中还有2000多门人工交换机，1981年市话交换机总容量才突破10万门大关。1982年当年，电话局为市民装通了5800多部电话，而交了钱没有装通的竟然有2.3万多户，那时，这些交了钱却装不上电话的用户有一个特殊的名字——"待装户"。很多机关单位为了满足内部通话需求，在装不上直拨电话的情况下，纷纷自己安装了用户交换机，也称为"小交换机"或"总机"，比如1979年市内电话交换机容量不足9万门，而小交换机总容量已经超过18万门。此后十多年间，小交换机容量一直保持在市话交换机容量的两倍左右。这些小交换机进一步加重了市话网的负担，但也是没有办法的办法。

20世纪80年代初，北京日报美术编辑、漫画家李滨声画了一幅《愚公打电话》的漫画，刊登在报纸上。这幅漫画，讽刺的就是46分局电话难打的事实，也就是前面说的"接通率低"的问题。据说促使李滨声画《愚公打电话》，源于一件真事：有位患者家属急着打电话叫救护车，连找三部公用电话就是拨不通，最后到一家单位的传达室求助，人家却告诉他，这一上午46局的电话就没通过。

无疑，这幅辛辣的漫画深深刺痛了当时北京电信管理局、北京市电话局领导和无数电信职工的心。笔者在收集资料时，看到很多回忆文章都提到了这幅漫画，无论是当时电信管理局局长杨宝坤、副局长高延溶、尹世泰，还是新任管理局局长张立贵、市话局局长崔俊峰，办公桌的玻璃板下似乎都曾压着这幅漫画。现在这幅漫画的原稿就陈列在博物馆中，是李滨生先生捐赠的。若干年后，北京电话满足需求、通信手段日益丰富，李滨生又相继创作了《愚公打电话》的两幅续篇反映了新的通信生活，也捐赠给了博物馆。这一组漫画手稿见证了北京通信的发展，成为博物馆中独特的展品。

20世纪80年代著名漫画家李滨声就电话难打的现状创作了名为《愚公打电话》的漫画，形象地反映了当时北京电话供求的突出矛盾

李滨声《愚公打电话》漫画续篇

人们可能还记得，1983年央视第一届春节联欢晚会，主创人员别出心裁采用现场直播方式，并且在晚会现场设了4部热线电话，观众可以打电话点播喜爱的节目。当时堂堂中央电视台一共只有十来部电话，这4部电话都是想办法"挤"出来的。位于公主坟东边的央视彩电中心，电话都是从复外86分

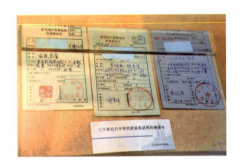
20世纪80年代安装电话的申请卡

博物馆中陈列的各个时期的电话机

局安装的,晚会直播期间,电话局里这4部点播热线的机件超负荷运转了10个小时,继电器线圈因连续工作都发烫了。为防万一,维护人员报了火警,技术人员与消防员为交换机守了一夜!这些电话成为名副其实的"热线"。在央视制作《春晚30年》专题片的时候,为了回顾这段历史,还特意到博物馆拍摄了步进制交换机动作的镜头。

那时关于市内电话,有一个著名的"五难"——装机难、移机难、查修难、缴费难、查询难。看到这一堆"难",笔者头都大了,相信读者一定也皱起了眉头。在当时,安装一部电话,已经不是有没有钱的问题,无论是政府要员、企业经理、明星大腕,还是普通百姓,交了为数不少的"初装费",并不能马上装通电话,而是要排队!满足电话安装并不是仅仅靠扩容交换机,还要有配套的局房建设、线路建设、管道建设以及电话网内部的中继与汇接调配等等条件。所以交了钱等上一年半载才装通电话是很正常的事情,有的用户甚至等上三年多。那时每个电话局局长抽屉里恐怕都有区长、局长、部长甚至副总理批的"请协助尽快安装电话"的条子,连部长、副总理都要走电话局的"后门",这就是当时电话供求矛盾的真实写照。

那时有些老百姓以为:电话也像供电一样,只要有电话线,接上线电话就通了,何至于等那么长时间?于是有人说:"电话局给钱都不要,见钱眼都不开。"其实电话与供电完全是两码事,电话从交换机的用户架开始,之后所有环节都是这部电话独享的,交换机容量满了装不上电话,电缆线路容量满了同样装不上电话。相对薄弱的北京市话网基础设施一时真的难以适应这积蓄已久的井喷般的电话需求，虽然电话建设也在加速进行，但还是跟不上人们通信需求的增长。整个80年代至90年代初，电话供求矛盾一直是京城一大难题，也成为一大社会热点。每年的电

1991年5月在西单市话营业厅内公开放号现场

话装机量都在成倍增长，但待装户的数量也在成倍增长，1988年装通了4万部电话，而当年的待装户已经高达8万户！电话供求矛盾的焦点直指电话局，面对市民对电话需求的空前高涨，面对媒体的随时关注，面对每天无数责问甚至谩骂，电信局的领导和职工又何尝不着急呢？ 1991年，北京市电信管理局倾尽全力，组织了一次号称"一万八大会战"的集中装机活动，就是先解决1.8万待装时间在一年以上的用户。在这次装机活动中，动员了所有力量，想尽一切办法创造装机条件，还提出了"倒排工期，关死后门，背水一战"的口号。就连当时邮电部副部长宋直元，都以普通线务员的身份，去为用户装电话了。原厂甸局的优秀线务员、全国劳动模范董贵臻师傅，此时已经退休在家，听说这个消息，不顾劝阻，硬是参加了装机工作，而且装电话又快又多，给青年职工们树立了榜样。也正是这种在并不完全具备线路条件下的"强行装机"，造成了楼宇间蜘蛛网般的大量"飞线"，既影响市容，也给查修带来更大的困难，不过电话总算是先通了。在后来条件具备后，电话局专门进行了浩大的"飞线整治工程"，消灭了"蜘蛛网"，这是后话了。

　　为加速电信建设，国家给予了电信部门诸多优惠政策，北京的市政建设及政府部门也为电信建设大开绿灯。经过全体电信职工奋力拼搏，北京的电话事业以举世罕见的速度超常发展，电话这个"旧时王谢堂前燕"，正在迅速"飞入寻常百姓家"。

　　实现"楼上楼下，电灯电话"的梦想，已经不远了。

电话初装费始末

资费，永远是敏感的话题。而电话初装费，更是曾经让很多人心存忌惮，尽管它已经消失了十多年，但至今仍让不少人耿耿于怀。

前面我们曾多次提到，20世纪80年代之前，由于长期以来的计划经济模式，通信更多地被定位在"为党政军服务"上，是"无产阶级专政的工具"，过于强调了通信的政治色彩，而忽略了通信对经济发展以及人民生活的重要性。因此，对通信网的建设完全依靠国家的投资。据统计，从新中国成立到改革开放前的30年中，国家对全国通信的总投资仅为60多亿元，其中与老百姓生活紧密相关的市内电话，则投入比例更少。过低的投入，导致通信网严重落后，并成为制约国民经济发展的"瓶颈"。

改革开放为中国经济的腾飞带来了春天，而通信业的落后此时却明显地表现出来。1979年的全国邮电会议正式提出，把邮电工作从"以阶级斗争为纲"转移到以通信为中心、转移到社会主义现代化建设上来。

通信业是高技术、高投入的产业，建设电话网需要的初期投资很高，要安装交换机、要建设卫星地球站、要建设长途传输网、要新建大量局房、要敷设用户线等。这些大量的资金从哪里来？还单纯依靠国家投资吗？不行，因为国家的资金十分有限。比如1979年底，北京有待装户两万余户，如果想增加一万门的交换机容量，至少需要投资上千万元，可国家1980年仅能对北京通信网投资700万元。如此，电话网的建设很难有一个较快的发展。那么靠通信部门自身收取的月租费和通话费够不够呢？我们以北京市话为例："文化大革命"之前，北京市对市话资费进行了几次调整，但由于用户数少得可怜，因此收取的资费微乎其微；

"文化大革命"开始后，邮电系统开始批判"资本主义经营思想"，市话资费制度受到了严重干扰，甚至被迫取消或减收了部分市话资费。1980年1月，北京市根据国务院的报告精神，制订了增收电话安装费办法，规定一部电话收取成本的三分之二，用于市话扩大再生产。当时为照顾住宅电话和学校等非营利单位，这些用户安装电话每号收安装费500元，其他用户每号收1900元，但此收取标准对于庞大的建设投资需求来说只是杯水车薪，远水解不得近渴。

国家关于收取初装费的文件

鉴于通信业是国民经济的基础产业、通信业的发展对于建设社会主义市场经济至关重要的原因，1979年，邮电部参照国外通行的做法，正式向国务院提出了以收取初装费用于市内电话建设的报告。1979年6月28日，国务院以（79）165号文件予以批转，决定国家财政不再向市话投资，对其亏损也不再补贴，作为交换和补偿，允许市话企业对新装用户增收初装费，用于市话建设。于是经国务院批准，1980年6月20日，邮电部、财政部、国家物价总局联合发出通知，规定全国统一对市内电话新装用户收取定额初装费。同年11月，北京市电信局、北京市财政局、北京市物价局联合通知，确定了北京的初装费标准，从此，初装费这个新名词正式进入北京通信市场。当时的标准是，企业单位每部电话收1000~1500元，事业单位每部电话500~700元，住宅电话每部400元。这个标准相比1979年的安装费标准还要低，那时的机电制电话，多数是包月方式的月租费，根据不同情况每部电话每月收10~20元不等的月租费，就可以随便打电话了。只有少数局实行了复式计次的收费方式（即月租费+计次费）。

随着程控交换机的引进，这些费用更不足以支撑电话网的快速发展。那时，引进程控交换机都是按美元报价，笔者刚参加工作时，看到程控交换机的报价清单，一块电路板要一千到几千美元，此外大量新建局所的拆迁与土建工程、电信管道建设、电缆敷设等更需要大量资金。于是经北京市政府批准，市物价局、电信管理局自1986年11月起对程控电话按新标准收取初装费，企业单位每号4000元，事业单位每号2000元，住宅电话每号1500元。

1990年，邮电部和国家物价局提出"每放一个电话号，应能收回一门电话所需的成本"，对初装费制定指导标准为每号3000~5000元。1990年7月31日，经国务院和北京市政府批准，北京市对电话初装费和月租费标准再次进行了调整，新装电话不分用户性质，初装费分为：普通程控电话一律每部5000元，机电制电话一律每部3000元，计次通话费从1988年的每3分钟0.0625元增至0.125元。

据说这次初装费上涨，最初的方案是单位电话每部5000元，住宅电话每部3500元，这个方案提交到北京市政府，当时的市领导在开会讨论时了解到，按这个方案收初装费，北京的电话建设仍然缺钱，于是就问电信部门负责人："为什么不调高点儿？住宅电话、办公电话两个价格没有道理，去西单商场买彩电，公付5000元，私付3500元，哪有这样的价格？我的意见一律5000元。"与会的其他领导也都同意，于是这个初装费标准就被确定下来，这也成为北京电话历史上最高的初装费，实行了五年多。

增收市话初装费政策对通信的发展起到至关重要作用，按邮电部的统计，全国三分之一的电话建设资金来源于初装费，初装费成为支撑我国通信网持续高速发展的一个重要的资金来源。

除了初装费政策以外，为了迅速提高通信基础设施水平，在收入分配方面，国家对邮电通信部门实行了很多让利优惠政策，比如从1982年到1986年，国务院陆续出台：邮电部门向国家上交所得税10%，上交非贸易外汇收入10%，偿还预算内拨改贷资金本息10%，保留相应三个90%用于发展邮电事业，这就是著名的三个"倒一九"政策。此政策对通信的发展起到了重要的促进作用，直到1995年，三个"倒一九"政策才完全取消。

1986年4月，经国务院批准，国家经委、海关总署、财政部联合发文，对邮电通信的技术改造项目实行海关半税政策；同时，国家对使用外国政府贷款、世界银行和亚洲开发银行贷款购买的通信设备实行全免关税政策。这些政策于1996年停止实行。

另外1986年，国家允许各地在长话、电报等业务中收取附加费用于邮电建设。于是1988年9月1日，北京市决定将北京市内电话资费上浮并收取25%的城市地方附加费。

1988年6月，国务院领导同志明确提出，加快通信发展，要坚持"统筹规划、条块结合、分层负责、联合建设"的方针。此后，国务院在有关文件中重申"十六字"方针是国家确定的通信建设方针。这是我国发展通信事业的一项根本性重大方针，对保证通信网的统一规划和协调发展，调动各方面积极性，起到了十分重要的作用。

很多人认为，初装费是中国通信行业的自创，其实这里面存在着误解。因为许多国家在通信网建设初期，也都无一例外地收取过较高标准的初装费，目的就是为了快速筹集资金，加快通信网的发展。据国际电信联盟发表的2000年《电信发展年报》，全世界4万人以上的经济体（包括国家和地区）一共有206个，在向国际电信联盟提供统计数字的186个国家和地区中，绝大多数仍在继续收取一次性的电话装机费用。而事实上，征收市话初装费政策对我国通信的发展确实起到了非常重要的作用。它使我国仅用了十几年时间就走完了发达国家几十年的电信发展历程，一跃成为世界电信大国。

在北京，1984年与1949年相比，全市市话用户增加了5倍。到1990年底，北京市的市内电话交换机总容量达到了43.6万门，电话用户接近30万户，是1978年的4.45倍。市区主线普及率上升为4.77%，是1978年的3.76倍。通信业的迅猛发展加速了电话进入普通百姓家的进程，尤其是1995年以后，随着电话网规模的持续快速增长和初装费的陆续下调，装电话不再是一件难事，京城市民终于实现了"楼上楼下，电灯电话"的梦想。

在20世纪90年代初，5000元的电话初装费对于普通家庭来说毕竟不是小数，那时一个普通工人月工资大约只有四五百元。不过电信局后来推出了不少优惠措施，比如对教师优惠装机、对单位集体批量装机优惠、对公安系统优惠装机等等，初装费一般会下浮10%至20%，让很多人得到了实惠。1996年12月，第一次正式下调初装费，从每部5000元降至每部4500元；1998年1月，下调到每部3600元（远郊区县城每部2600元，乡镇1500元至2000元），家庭安装第二部电话只收一半初装费；1999年3月，下调到每部1000元（农

财政部、信息产业部关于取消电话初装费的文件

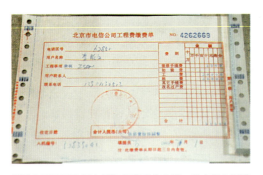

2001年7月1日取消电话初装费后北京第一份安装电话缴费收据

村每部800元），家庭安装第二部电话免收初装费；直到2001年7月1日，依照财政部、信息产业部通知，北京市电信公司取消了电话初装费等政府性基金，实行了20年的电话初装费政策正式退出历史舞台。博物馆中保存着这张收据，是取消电话初装费后，北京第一份电话安装收据，见证着这段历史。有不少观众在博物馆中看到电话初装费的相关陈列后，依然"耿耿于怀"地说："当初我们家的电话就是花5000元装的，还排了半年的队。"这种心情可以理解，任何事物发展的初期，投入的成本都要比后来高很多。1991年的时候，一台386电脑，要一万元上下，那是一个普通工人不吃不喝也得攒上两年的工资啊。电话初装费在一定历史时期为我国通信发展产生了至关重要的作用，可以说我们现在的通信发展，应该感谢当年那些缴纳电话初装费的用户。

　　电话初装费是取消了，现在社会上一直有一种呼声，要求取消电话月租费，理由是：既然打电话交了通话费，为什么还要收月租费？那么月租费究竟是不是合理呢？我们不妨借此一角讨论一下。其实电话与普通的商品不同，一台冰箱，花钱买下就属于自己了，而安装电话其实只是取得电话的租用权。我们前面讲过，一条电话线，从话机直到电话局交换机的用户板端口，都是这部电话独享的，包括分电盒、用户线、电缆芯线、配线架端子、交换机用户端口都是被这部电话占用的，即使这部电话没有使用，也同样占用着电话局的一份资源，空闲时也不能分给别的用户使用。还有电话号码，每部电话有唯一的号码，也是一种资源，而且这资源属于国家，不属于电话局。每时每刻，交换机的用户端口都在扫描着这部电话的状态，才能随时为用户摘机送出拨号音。也就是说，电话机虽然没有使用，但支撑它的电路却在一直工作着。还有电话出现障碍时，电话局的查修都是免费的，支撑这一切的就是月租费。因此完全取消月租费也是不合理的。不过笔者妄言，建议把现在的月租费改为一种最低消费档次，月租费中包含一定的本地通话时长，打电话只要不超过这个时长，就不再加收通话费。这也许更乐于让人们接受，而且对提高设备利用率也有好处。

从"三世同堂"、"八国联军"到"巨大中华"

中国改革开放的总设计师邓小平同志在改革开放初期就提出:"先把交通、通讯搞起来,这是经济发展的起点。"这一思想,也是邓小平改革开放思想的重要组成部分。改革开放后,原有薄弱的通信基础设施,远远不能满足经济建设与人民生活的需要,而且成为制约经济发展的"瓶颈"。在中央领导的高度重视下,首都北京以及全国的通信开始了跨越式的大发展。

几十年来,中国的邮电工业虽然已经取得了不错的成绩,但是改革开放以后,明显不能满足人们对通信的迫切需求,同世界先进水平相比,也已经落后了一大截。20世纪80年代初期,我们还在辛辛苦苦生产纵横制交换机的时候,世界交换机的主流已经向程控化发展。当时最乐观的估计,我们自己生产出满足需要的程控交换机,最快还要10年。但形势已经一刻都不能再等了,为了最快速提高我们的通信能力,满足人们的通信需求,当时的邮电部领导和专家经过深思熟虑,下了一个痛苦的决定,那就是暂时放弃自行研发,扔掉辛辛苦苦经营了几十年的自主交换机,转而引进世界先进通信设备和技术,直接为我所用,一步跨向世界先进水平。

当时由于"巴统"的限制,高档通信设备是不允许向中国出售的,更不允许成员国与中国开展技术合作。这个"巴统",全名叫"巴黎统筹委员会"(正式名字是"输出管制统筹委员会"),是"二战"后美国发起的国际组织,主要目的是对社会主义国家(尤其对中国)实行禁运和贸易限制,直到

1984年11月，北京第一套程控电话交换机（50局）在呼家楼电话局开通

"冷战"结束后才彻底解散。所以当初即使是引进程控交换机，也是颇费了一番周折。有些国家勉强同意向中国出售交换机整机，但要合作建厂或向中国出售核心技术，则一概免谈。当时比利时的贝尔公司已经研制成S1240程控电话交换机，而且比利时不是"巴统"成员，不受禁运限制。所以进入中国的第一家合资电信设备公司就是中国与比利时合作的，1984年诞生在上海，这就是业界熟悉的"上海贝尔"。西方国家看到比利时与中国的合作，心情异常复杂，一方面他们不甘心眼看着中国这个刚刚起步的巨大通信市场被比利时独享，另一方面又顾虑"巴统"的限制。随着后来"巴统"的松动，各国开始不断向中国提供各种优惠条件出售他们的设备，包括价格优惠、赠送附加设备或服务、提供无息贷款等等，这其实也正好符合中国的需要。后来德国西门子、日本NEC等公司先后在中国设立了合资企业。邮电部确立了"引进、消化、吸收、再创新"的发展思路，这些引进的设备和技术，使中国的通信网络在最短的时间内追赶上世界的脚步，同时为中国培养了一大批专业技术人才。

回到北京电话建设的话题上。1984年11月8日，北京市第一个程控电话局——呼家楼50分局建成投产。使用的是瑞典爱立信公司的AXE-10型数字程控电话交换机，初装7680门。当时为加快建设，弥补电信建设资金的不足，电信部门与很多单位进行了联合建局，呼家楼局就是由北京市电信管理局与北京市旅游局联合投资2000万元兴建的，缓解了呼家楼及东城一带旅游饭店电话的紧张状况。次年12月25日呼家楼程控电话50分局改为500局，成为北京电话网第一个7位制局。为了尽快解决人们对通信的需求，北京电信局的领导和工程师们拟定了一个"见缝插针"的建设方针，也就是说尽量少建或不建新的局房，保持原网络结构，挖掘现有局房的空间，灵活扩充交换机。这样就避免了新建局房所需要的土地审批、拆迁、基建等一系列耗时耗财的环节，以最快速度为用户装上电话。其实这只能算是没有更好办法的权宜之计，也有人形象地把这种建设称为"撒芝麻盐儿"。

1988年和1990年分别完成了引进10万门程控电话工程和引进20万门程控电话工程，主要设备是法国的E10B型程控交换机。这两大工程奠定了北京电话网走向现代化的基础。要知道从1949年到1983年的30多年间，北京市话网容量一共才增长了10万门，现在一次就扩容10万门、20万门，让参与工程的技术人员不得不感慨万千。

20世纪80年代后期到90年代初期，北京电话网的结构异常复杂，可以称得上是一座祖孙"三世同堂"的电话交换机博物馆了。这里有第一代的人工交换机，这是为满足通信需求临时在一些支局启用的，还有长途台和大批农村支局也保留着人工方式，另外大量的用户"总机"也是人工方式；有第二代的机电交换机，包括步进制和纵横制，还占据着相当的容量；还有第三代的程控交换机，正在大规模新建和扩容。在通信线路上，也是明线、电缆、光缆混合使用。对于家庭来说，三世同堂、四世同堂都是天伦之乐的美满喜事，但对于电话网来说，却是一件让人头疼的难事。这些不同时代、不同制式、不同技术指标的交换机并不是孤立运行着，它们都要融合在一张网上，人工与自动混合、数字与模拟叠加，还要互联互通，这给维护管理和组网工作带来了极大的麻烦，当时任电信管理局副总工程师的市话老专家尹世泰对此颇有感慨，为了让这些交换机之间都能顺利地"说上话儿"，他们实在没少费心思。

20世纪90年代前期，为了加快北京的通信发展，国家计委为北京电话发展提供了两笔外资贷款，一是加拿大贷款5000万美元，引进程控交换机34.2万门；二是德国、荷兰、美国三国共贷款1亿美元，引进程控交换机56.7万门和4.5万线汇接设备。这两笔贷款使北京的交换机容量一下子增加了90.9万门。新建了西单电话局、方庄电话局、中关村电话局、五棵松电话局、幸福大街电话局等一批大型程控电话局。1995年末，北京的本地交换机总容量已经有了237.5万门（含郊区，下同）。从这时起，北京就基本告别了电话供求紧张的时代，电

10万门程控电话工程之一的东单电话局交换机房

1994年7月8日，原44局的用户全部割接到404程控电话局

话不再是一号难求的稀罕物。

程控交换机的高歌猛进，使网上原有的机电制电话和人工电话迅速淘汰。1994年7月8日22点，北京市区最后一个机电制电话局——东黄城根44局停止使用，机器上的用户全部割接到404程控局，原机房作为博物馆保留下来。这标志着北京城近郊区全部实现了电话程控化。同时，北京本地网电话号码全部由6位升到7位。

人们不再为电话发愁了，电信职工终于可以舒展一下眉头了。此时，人们猛然发现，我们的电信网几乎一水儿的进口设备，机器上、资料上再也难找到庄重可爱的中国字了。当年长话大楼开通时，100%国产设备的自豪感没有了，代之而来的是整个电信系统的学习热潮。早年的技术、经验都用不上了，机房里用了几十年的万用表、电烙铁变成了笔记本电脑和数字维护终端。维护程控交换机，再也用不着电烙铁、钳子和钢锉去"虎口拔牙"，而是只需要在电脑上敲击指令，系统就会自动打印出故障报告，告诉你哪块电路板坏了，需要更换。不过这一切都是英文的。从领导到职工，开始从头学英语、学数字通信、学程控交换、学计算机……否则真的是跟不上步伐了。笔者刚刚进入电信系统读书时，老师第一句话就是："恭喜各位同学上贼船了。"弄得我们丈二和尚摸不着头脑，原来说的就是电信技术发展迅速，一日千里，进入电信行业工作就意味着一辈子都要不停地学习。在电信院校，一些专业在报考时可能还是热门，经过四年学习，毕业时这个技术已经淘汰了！数字大潮就是这样的无情。

20世纪90年代，北京电话网上运行的交换机有：瑞典爱立信的AXE-10型、德国西门子的EWSD型、比利时贝尔（上海贝尔）的S1240型、法国阿尔卡特的E10B型、加拿大北方电信的DMS100型等等，传输设备用的美国AT&T、英国的马可尼，移动通信用的美国摩托罗拉和芬兰诺基亚，还有一些设备用的日本富士通或NEC。如果加上一些单位系统的专用通信网和小交换机，更是"百花齐放"。可以说世界上著名电信厂商的产品北京几乎都在用，人们戏称"八国联军又进北京了"。北京复杂的通信网国内少有，举世罕见。北京之所以采用多个国家的设备，有历史的原因，也有出于规避风险的谨慎考虑。北京作为中国首都，如果只用某一个国家或某一厂商的设备，万一国际贸易或外交形势有变化，就有被终止供货和终止服务的可能，当时国产设备还不能挑大梁，首都的通信就有瘫痪的可能。

1996年5月8日，北京市电话号码升为8位，是世界上第五个8位电话号码的城市，实现了跨越式的大发展，北京也成为全世界最大的本地电话网。2000年4月，北京市区电话用户突破300万户，郊区电话用户突破100万户。这年末，北京的本地交换机总容量达到607万门，已经完全可以满足人们的通信需求。

在引进国外交换机的同时，国家也启动了两轮程控交换技术的自主科研攻关计划。1986年，中国第一部程控数字交换机的科研样机生产出来，在上海电话网上进行了试验，这是中国电话交换技术的一个重大突破。1989年邮电工业总公司和解放军信息工程学院合作，成功研发出HJD-04型程控交换机，后来被广泛应用在电话网上，业界称之为"04机"，邮电工业总公司和解放军信息工程学院联合组建了巨龙信息技术有限公司。20世纪90年代以后，以巨龙信息、大唐电信、中兴通讯、华为技术等为代表的一大批国内设备制造企业异军突起，极大地改变了中国通信设备市场的竞争格局，令无数国人为之振奋和欣喜。时任邮电部部长吴基传，在一次会议上，从巨龙、大唐、中兴、华为四家公司名称中各取前一个字，形象地称之为"巨大中华"现象。从此，"巨大中华"的美名不胫而走，逐渐成为我国通信设备制造业的代名词，在国内外通信业界叫响了。

21世纪初，我国电话网上的设备国产率超过95%，从技术水平上来说，不但丝毫不逊色于最发达的国家，而且高于大多数发达国家。这是一次跨越历史

1996年北京西单路口的电话升8位公告

北京电话号码升8位纪念磁卡

北京电话用户突破100万纪念磁卡

的质的飞跃!"八国联军"的时代彻底过去了。

　　北京的固定电话用户数量,在2005年达到了943.5万户(引自北京市统计局网站,包括各电信运营商)的顶峰,电话主线普及率达到了每百人61.3线,基本上每个家庭都安装了电话,而且呈现出相对饱和的情况。此后,固定电话数量出现了缓慢平稳的下降。现在,传统的数字程控交换机已经不再是最先进的,我们的通信网正在向新的技术——软交换和光网络过渡,软交换是下一代通信网络(NGN)的核心,将实现多种业务的综合化承载。

在希望的田野上

北京市远郊区的面积占到全市面积九成以上，因此说起北京电信事业的变化，不说远郊区显然是不完整的。

北京的远郊通信网，由于行政区划的变动、管理体制的变迁、地理环境特点、经济水平的差异等，情况非常复杂。平原地区的通州、大兴、顺义，电信起步较早，发展较快，而其他山区、半山区的区县，在相当长的时间内，通信条件非常落后。读者应该还记得，北京地区电信故事的开篇就是1883年从通州开始的，而其他区县的电信事业基本上都始于20世纪前半叶。新中国成立后，远郊区各县的邮政与电信合设一处，称为邮电局，直到1970年，北京邮政、电信分设，郊区最终形成了10个县区电信局。电信市场化以后，改为分公司。近百年来，尤其是最近几十年，郊区电信职工在京郊广袤的土地上，辛勤地建设着，用通信改变着郊区人民的生活面貌，使这片"希望的田野"迅速接近并同步市区通信水平，形成了完整的本地通信网。

新中国成立前，郊区只有通州使用着日伪政府安装的300门自动电话，其他区县全部是人工电话，而且容量极少。刚刚解放时，各县电话设施要么毁于战火，要么被反动当局撤离时破坏，更是少得可怜。例如怀柔电话局，虽然有50门磁石交换机，却已经损坏了30门，昌平只有20门磁石交换机，延庆、平谷的电信设施已经荡然无存……这还是县城的电话，县城以外的农村地区，电信设施可想而知。新中国成立后，县城的电话逐渐得到扩容，农村地区也建立了多处地方电话站。这些地方电话站一般只有一部10~20门的简易交换机，或者

1956年门头沟大台山区用上了电话

只有一部磁石电话单机。这些电话站并不与电信局的电话网相连，完全由地方政府投资和经营，专供地方政府使用，称为"地方电信"。由于经费和技术力量有限，设备非常简陋，甚至用竹竿代替木杆架线。

1952年10月，中央财经委发布通知，明确规定县城及县城以上的电信由邮电部统一接管，成为国营长途电话或市内电话，县城以下的地方电信成为地方国营农村电话，对社会开放营业。也就是从那时起，北京远郊区的电话通信，分成了三层结构：郊区长途（与市区通话或区县之间通话）、郊区市话（县城电话）和农村电话。

1955年到1956年，全国农村掀起农业合作化高潮，提出了"乡乡通电话"的目标。在短短的时间内，北京电话局为近郊的南苑、东郊、丰台、海淀、石景山以及远郊门头沟、斋堂、坨里共8个区312个乡装通了电话。在当时，由于这项工程大约需要60吨左右的铜线，也被称为"60吨铜线工程"。在其他远郊区县（当时属河北省邮电管理局）也新建了不少邮电支局和邮电所。这里要提一句，远在门头沟深山区的斋堂乡，技术人员克服了各种困难，在1954年5月建立了斋堂支局，这是远郊第一个使用共电式交换机的支局，使昔日闭塞的深山终于与外界沟通了信息。如果你不了解斋堂，那么你一定听说过闻名四方的明清古村落——爨底下村，就在斋堂镇。请读者记住，门头沟以及这个偏远的斋堂镇，多次成为北京郊区电信发展的标志。

1958年，因人民公社"大跃进"的推动，电话建设目标提升到"队队通电话"。于是农村地区的电话建设向边远山区推进，例如延庆县在1958年之前只有4个乡有电话通达县城，1958年5月另外18个乡全部装通了电话，怀柔县也在当年7月实现了乡乡通电话，周口店区（后改为房山县）31个公社全部通了电话。这些远郊县，大部分地区属于山区、半山区，立杆架线异常困难，而短短几个月的时间，改变了过去几十年都没有实现的通信愿望，广大郊区电信建设者付出的艰辛是可想而知的。延庆县的永宁支局，在延庆县中部，在1959年扩充交换机到100门。这个支局从新中国成立之初起，一直承担着延庆东北部半个县的通信长达半个多世纪，对延庆东部山区的发展起着重要作用。永宁支局话务班的几名女职工，多次获得市级和全国先进的荣誉。

这一时期，是北京郊区电话的第一次大飞跃。1960年，北京郊区农村电话总容量达到9200多门，人民公社全部通话，97.3%的公社设有邮电所，98.4%的大队有了电话。

县城的郊区市话在1958年共有3600门，其中通县和门头沟使用自动交换机，其他县城都使用人工交换机。"文化大革命"前，郊区市话共有25处局所，交换机总容量7910门，其中自动交换机1600门，共电式人工交换机3280门，磁石式人工交换机3030门，全部用户4800多户。

在郊区长话方面，1958年大兴县首先与市内开通3路明线载波电路，此后各区县陆续开通到市内郊区汇接局的载波电路。1969年，在市内的厂甸南局内启用了"118"郊区人工长途台，北京市区的自动电话用户拨叫"118"即可挂发郊区长途电话。郊区用户挂发市区或与其他区县通话，要拨叫本县的人工长途台（自动局为"113"号），由双方话务员进行人工接续。这个118台直到1994年全市程控电话联网形成完整的本地通信网后才彻底停用。

农村电话虽然在20世纪50年代末发展迅速，但缺少全面规划，网络不合理，通话质量差，管理也很困难。在同一时期，农村有线广播也在大力发展，为了节省资金，很多地方就把广播线与电话线共用一根线路，由专人负责切换，在每天早、中、晚固定时间播放广播时，无论有多急的事，电话也是不能使用的。为了解决这个问题，20世纪70年代，密云县成立了"载波广播办公室"，县广播站和电信局的技术人员，研制成了在原有线路上，增开广播专用通道的设备，广播与电话就互不影响了。在当时，这是全国农村普遍存在的一个难题，这个消息在《人民日报》发表后，在全国引起了轰动，很多省市派人到密云电信局参观学习。密云县电信局还开发研制出适合农村电话铁线用的3路载波机，这样一条线就可以同时传送4路电话，这个技术在北京农村获得了推广应用。

改革开放以后，随着郊区农村经济的搞活，出现了乡镇企业和农村专业户，他们对通信的需求日益增长，在城里出现的电话供求紧张状况同样出现在广大京郊农村。由于农村的电话基础更落后，所以这个紧张状况更明显。1986年10月，远郊10个区县县城电话全部实现自动接续，淘汰了人工交换机。1988年11月15日，北京市区与远郊区县间全部开通双向直拨自动电话，实现部分用户可以相互直拨通话，而不必再经过118台转接。尽管如此，郊区支局及农村乡镇的电话建设却处于踏步状态，人工交换机仍占着主导地位。那时农村地区一般只有大队部（后来叫村委会）或较大的社办厂（乡镇企业）才有一部"摇把子"的磁石电话，农村根本没有私人住宅电话，村民有急事只好去村委会借用电话，各村委会也经常用高音喇叭通知本村村民到村委会，来接外线打来的电话，村委会的电话成了免费的传呼公用电话。农村电话的收费也很混乱，人工电话都是包月收费，事业单位每月5元，企业单位每月20多元，一般是几个月一交费或者一年一交费，也有长期拖欠的现象，农村电话长期处在入不敷出的状态，根本没有资金更新建设。

1990年4月，北京远郊第一个程控电话局——门头沟电信局开通，安装4000门程控交换机，局号984，拉开了远郊区程控电话建设的大幕。至1992年11月28日，密云电信局开通程控交换机，远郊区实现程控电话联网。短短的两年多，北京远郊10个区县县城全部开通了程控电话，总计开通容量5.3万门，这个数字，比10个区县以往交换机容量的总和还多。

在县城开通程控电话的同时，县城以下支局的程控化也大规模地铺开了。在那个时代，程控电话建设已经不仅仅是电信部门的事，为了保障经济腾飞，各个区县政府都把通信建设列入重要议事日程，各区县成立了"程控电话办公室"这一特殊机构，从政府层面为电话建设提供全面规划和保障。这一时期，大量的程控电话支局兴建起来，很多地方的农村支局，一直使用着人工摇把子电话，程控电话的开通，使这些地区从使用最原始的通信工具一跃而拥有了最先进的通信工具。

为了弥补电信部门资金的不足，区县政府牵头，向企业集资办电话，然后电信局给出资企业免收或少收一定数量的电话初装费作为补偿。据不完全统

光缆进入深山

计,从1985年至1991年,10个区县建设程控电话共集资8200多万元,这个办法成为郊区电信大发展初期的重要保障。那个时候,一个农村程控电话支局的开通,可以说是轰动一方的大事,张灯结彩、鞭炮齐鸣,区县政府领导、电信局领导,甚至邮电部、北京市政府的领导都亲临剪彩,热闹非常。一个乡镇程控支局的开通,往往可以使当地经济迅速提升。在电信大发展后期,全市每年都要新开通几百个局所,一个区县一年开通几十个局所毫不新奇,"开局"已经成为电信职工的家常便饭,再也不需要兴师动众,几个技术人员就可以搞定了。

在农民致富奔小康的过程中,程控电话更是发挥了巨大作用。改革开放初期,农村流行一句话:"要想富,先修路"。不知什么时候,这句话出现了衍生版本:"要想富,先装程控再修路",可见人们对程控电话的渴望。邓小平同志曾说:"先把交通、通讯搞起来,这是经济发展的起点。"笔者发现,"先装程控再修路",完全就是邓小平这句著名论断的通俗版。20世纪90年代,电话在广大农民的眼里,不光是高品质生活的标志,更是走向致富的必备工具。不少菜农把程控电话直接装在蔬菜大棚,可以及时通过电话联系售卖渠道,获取价格信息,不再受菜贩子的坑骗。"程控电话棚里拽"、"坐在炕头把菜卖"也成为当时郊区农村的"几大怪"之一。搞个体运输的农民,开始都是依赖关系以及老主顾联系业务,当同行纷纷安装电话后,业务明显增加,而没有电话的则日渐清淡,于是不惜5000元的初装费也要装一部程控电话。

斋堂电信局的开通使北京市边远山区乡镇全部通上程控电话

北京地区最后的人工电话

　　1995年12月19日,北京最后一个人工电话支局——门头沟斋堂支局停用,新建的斋堂电信局开通程控电话,至此,北京市边远山区60个贫困乡全部实现乡乡通程控电话。北京通信电信博物馆内陈列的这部共电式人工电话,就是斋堂支局淘汰的、北京最后一部人工电话,见证着郊区电信大发展的历程。

　　边远山区的电话建设,远比城里或平原地区困难得多,为了深山里几十户、十几户人家的小村落,电信职工要往返十几次进入深山,勘察设计,制订方案,钻山过河,运送设备,布放光缆电缆。在斋堂支局建设中,光缆要从斋堂水库向山上拉,钢线距离地面100多米,两端跨度300多米,可谓难中难、险中险。电信局的小伙子们把自己挂在钢线上,高空作业两个多小时完成了光缆的悬挂敷设。

　　1995年底,通县成为京郊第一个村村通程控电话的区县。2006年9月27日,门头沟区最后一个深山村——清水乡田寺村开通了程控电话,至此,全市实现了村村通程控电话。郊区第一个程控局诞生在门头沟,而最后一个开通的程控支局也在门头沟,最后一个通程控电话的深山村还在门头沟,这并不是巧合,

2006年9月门头沟田寺村开通程控电话，北京实现村村程控通电话

它反映出的是北京郊区经济发展的特色。

　　郊区通信建设投入高，产出小，为了深山里极分散的几个小村落，要布放很长的光缆线路，施工和维护都很困难，却不会有什么高的收益。但是郊区电信的普遍服务义务并没有因为电信的市场化而被放弃。在很多人对通信行业存在偏见的时候，笔者认为，与社会很多行业相比，邮电行业的普遍服务要优秀得多，不管多边远的地区，可以没有银行、加油站、医院，却一定有邮政网和电信网覆盖，而且资费统一，不会因为地域边远而抬高价格，相反，对贫困地区，电信资费却常常是优惠的。

　　现在，京郊大地的通信已经完全与市区水平看齐，与世界水平同步。互联网、宽带网、3G移动通信、光缆入户在郊区也毫不新鲜，早已进入寻常百姓家。村村通光缆、宽带全覆盖的梦想正在实现。农村信息化、数字农村建设如火如荼，郊区农副业，尤其是京郊旅游业，正在互联网上向世界展示着诱人的湖光山色。京郊农民也完全和城里人一样，幸福地享受着互联网时代的信息化生活。郊区电信职工则继续在这片充满希望的田野上辛勤耕耘着，用通信网络编织着更广阔的天地。

公用电话，从绚烂到沉寂

公用电话，是城市通信的基础设施之一，北京的公用电话，历经百年，有绚烂也有沉寂。北京的公用电话，曾遍布市区大街小巷，从有人值守公用电话、传呼公用电话、投币电话、磁卡电话，直到IC卡电话、201卡电话、多媒体电话……公用电话为北京的发展和人们的信息沟通做出了巨大的贡献。

北京的公用电话最早始于1914年，由北京电话局直接经营。北平解放前，北平电信局经营的公用电话只有37处，打电话每3分钟花法币2万元。那时打公用电话的一般是小型商户居多，用公用电话联系买卖生意，比自己装一部电话要划算，而普通市民能满足于温饱就不错了，哪里还有钱去打电话呢？

1951年5月15日，按照邮电部的指示，北京电信局首创了世界电话史上从未有过的传呼公用电话。传呼公用电话不但可以打电话，还可以根据对方来电话的要求，由代办户负责呼人找人，或者代传消息。北京是传呼公用电话的试点，后来陆续推广到全国一些大城市。当年年底，北京的传呼公用电话就发展到159部。

每个传呼公用电话服务点有一定的传呼区域范围，为方便居民使用，多数传呼公用电话设在居民区、胡同口或油盐店内。传呼电话代办户的热情都很高，1952年全市传呼电话就发展到489部，占全部公用电话的84%。1958年，有部分代办户首次开办了24小时昼夜服务的传呼公用电话。20世纪60年代初，全市传呼公用电话已经有七八百部，平均每隔三四条胡同就有一部传呼公用电话，形成了京城特有的传呼电话网。

由于传呼公用电话的服务人员常到各户喊电话，时间一长，对各家情况了如指掌。如果有人来探亲访友忘了对方的门牌号，最好的办法就是到电话间询问，一问一个准儿。不过现在想一想，那时通个电话，个人隐私也会打个折扣，但在那个心底坦荡的年代，个人隐私的概念并不是很强。

电话局工作人员到传呼公用电话代办点检查指导

1994年央视春晚上，侯耀文和黄宏的小品《打扑克》中，就有一个片段，说的是某老总的名片上一大堆头衔，而"联系电话"最后是"让胡同口刘大妈叫一声"，这个电话就是传呼公用电话。

从20世纪50年代直到90年代初，传呼公用电话都是京城的一道风景。1981年6月，还在人民大会堂召开了"纪念北京市创办公用传呼电话三十周年表彰先进大会"，有6000多人参加。在长达40多年的时间内，传呼公用电话已经融入了北京市民生活的方方面面，传呼电话的各种感人事迹也常见诸报端。

在住宅电话并不普及、寻呼机和手机还没有诞生的年代，传呼电话不但解了很多人的急，甚至也救过不少人的命。著名京剧表演艺术家裘盛戎在20世纪50年代末60年代初，看到报刊上登载的传呼公用电话的事迹很感人，曾深入传呼公用电话代办户体验生活，把一个个故事编成了一出京剧现代戏《雪花飘》，多次在舞台上演出，深受群众欢迎。剧中代办传呼公话的陈大爷有这样一段二黄散板转二黄三眼的著名唱段，道出了传呼公话的巨大作用："又谁知这小小的电话有如此的威力，它把我和全城连在了一起共同呼吸。约会、通知、订联系，请医、看病、问归期。那工农战线的千军万马奔腾急，我也曾欢欣鼓舞报消息……为人民哪怕它，寒风透体雪钻衣。"

在国内长途自动直拨业务开通以前，普通的公用电话是不能拨长途的，长途电话的大部分零售业务集中在邮局、星级饭店、宾馆的代办点，电报大楼和长话大楼是北京零售长途电话最大的营业点。

20世纪80年代，有市民反映，北京火车站附近的代办公用电话有乱收费的现象，专坑外地人。为了消除这种丑陋的现象，1984年，北京电话局在流动人口集中的北京火车站设立了电话局自办的公用电话亭。这不仅在北京是独一份，而且在全国也属于首创。北京火车站的电话亭曾经是来京的人们心中的温馨港湾，人生地不熟的他们总能在这里得到帮助。

有一天，一个老大爷拿着一个信封来北京火车站电话亭问路。让值守人员奇怪的是，信封上只有信箱号，没有具体地址。通过114台以及邮局，值守人员费了很大劲儿才查清那个信箱号代表的是怀柔的一个地方。然后，值守人员又打114查到怀柔这个地方的电话号码，最终帮老大爷找到了要找的人。因为这一连串儿的电话都是值守人员打的，因此没收大爷一分钱。

1980年，市内公用电话达到了1598部，其中传呼电话有1000多部。20世纪80年代以后，北京电话供求紧张的状况日趋白热化，为了缓解电话紧张，发展公用电话也成为一项重要举措。公用电话代办点分布在北京街头巷尾，红色的话机成为公用电话的标志。在胡同口、街道旁、小卖部，一部部红色的公用电话机，摆放在窗口昏黄的路灯下，显得那么温馨与和谐。截至1990年底，北京市公用电话达到6086部，其中公用传呼电话3478部，基本上两三条胡同就有一部公用电话。

1982年9月，西单北大街安装了北京第一座投币公用电话亭。你一定想不到，那时的投币电话不按通话时长收费，而是按通话次数收费。通一次电话要5分钱，所以很多人就煲起电话粥。这让人想起相声大师马季在名段《打电话》里模仿的那个姓罗名唆的"大啰唆"。在打电话时，他说了一大箩筐的废话却耽误了正事。为消除用户长时间占用公用电话的现象，1984年6月，北京市第一批限时式投币电话亭正式启用。次年，限时的投币电话就占了投币电话的8成以上，用户长时间占用公用电话的现象基本消失了。

那时电话局公用电话组的工作人员主要工作就是定期到电话亭收硬币。因为每个电话机只能装几十块钱的硬币，所以几天就要收一次。干这样的工作是不是有些当上阿里巴巴的感觉呢？一定很多人羡慕吧！其实，这项工作非常辛苦枯燥，因为当时国内发行的硬币只有1分、2分和5分三种面额，所以工作人员每天要数大量硬币。不过，他们也想出了妙招，那就是，所有的硬币要用大筛子进行清理。按照直径的不同，工作人员先把1分钱的硬币筛下去，然后筛出2分钱和5分钱的。那时投币公话里能筛出各种圆片儿，最有意思的还有山楂饼呢。

安装在北京街头巷尾的红色公用电话专用话机

1989年11月9日，从日本引进的30部无人值守磁卡式公用电话投入使用，分别安装在长城饭店、建国饭店、友谊宾馆等十几个宾馆、饭店及首都机场、电报大楼、长话大楼等处。磁卡电话的好处是不但可以精确计费，而且人们也不必再因为身上没带硬币就不能打公用电话了，只要买一张电话磁卡，走到哪里都能打电话。1994年，50部新式IC卡电话安装在北京多家四星级宾馆饭店，北京成为全国第一个使用IC卡公用电话的城市。1996年，200部IC卡公用电话首次安装在东单和西单的大街上，

20世纪90年代初王府井南口电话亭

博物馆内公用电话展示

在全国引起轰动。一年之后，IC卡公用电话在北京大街上批量安装。2001年，北京西站安装了首批多媒体IC卡公用电话，这种电话不但能打电话，还可以浏览信息、收发邮件、发布广告等等，到2006年，已有3000多部这种电话遍布北京主要街道两侧。磁卡公用电话已于2002年底全网停止使用，正式退出历史舞台，曾经的小小磁卡已经成为收藏品。为迎接2008年北京奥运会，奥运场馆周边及北京街头又出现了新型的多媒体公用电话，兼容公交一卡通，可以缴纳电费、水费、车船税，被称为"缴费一站通"，近5万部"缴费一站通"替换掉了插卡式公用电话，给市民带来更大方便。

自从无人值守的公用电话出现后，也出现了一些不和谐的现象：比如在投币电话上，有人投机取巧，挖空心思节省那几分钱的电话费，把硬币钻上个孔，系根线，投进去再提出来；有人不爱惜公用设施，用公用电话撒气，猛挂猛砸，狠摔电话机，造成电话机大量损坏；在海淀区某大学的附近，曾经有个别大学生用所学知识私自拆改磁卡电话，破解电话芯片信息，改成了"免费电话"，在社会上热议一时；而更有不少人，贪图蝇头小利，盯上了越来越漂亮的公用电话亭，趁夜深人静砸下电话亭上的有机玻璃板，可以卖个几十元，岂不知，一座电话亭的投资要一两万元！毁坏电话亭的现象在郊区及城乡结合部则更为严重！

2012年5月10日，北京晨报《黄帽子电话亭挥别京城》中报道："昨天下午，南菜园街边，三个工人师傅，一镐一镐刨开土，把两个背靠背的'黄帽子'电话亭挖出来，埋上了新的有机玻璃电话亭。按照规划，未来3年内，全北京市的黄帽子电话亭都将更新换代"，"届时'黄帽子'电话亭将彻底成为北京的历史"。

说起"黄帽子"公用电话亭，大家一定不会陌生。1992年"黄帽子"电话亭刚一在北京街头露面，就成为了一道靓丽的风景。其实很多人还不知道，这种"黄帽子"是从巴西引进的。20年过去了，路边许多"黄帽子"变成了贴满小广告的"花帽子"，但是许多人一看到它，心里就特别踏实和满足，有了它，就有了与远方连线的希望。笔者认为，站在"黄帽子"下打电话总有一种安宁的感觉，它似乎总能屏蔽噪音、遮风挡雨。

公用电话业务量最大的时期，是在20世纪80年代末至90年代初。如今，移动通信遍布城市的各个角落，许多人已经更换了多部手机，甚至身上携带不止一部手机。电信的发展突飞猛进，通信越来越向个人化和个性化发展，在智能手机大行其道的今天，北京的公用电话是否已经成为"鸡肋"，并最终由绚烂走向沉寂呢？

2012年年初，公交一卡通公用电话在北京街头大批量投入使用。当你走在街头手机没电却又急于通话时，公交一卡通电话就是你的救命稻草。正因为在北京不可或缺的市政公交一卡通几乎人手必备，所以公交一卡通公用电话受到了欢迎。公用电话的业务量有了明显回升。

北京联通2012年10月又推出一项称为"公话账号"的业务，只要你有北京联通的手机或者家里有联通的固定电话，出门在外手机没电的时候，即使你没有IC卡，也一样可以使用普通的IC卡电话。具体使用方法是：将手机或家里固话号码作为账号，其服务密码作为账号密码，无需插卡，摘机拨打1608888，根据语音提示即可通过公用电话拨打本地电话和国内长途电话（港澳台除外）。电话费记在相应手机或固话的账户上。

据媒体报道："未来北京的电话亭可以叫出租车。由于电话亭的位置都有记录，只要拨通号码，出租车就能知道叫车人的位置。"看来我们又要刷新公用电话的概念了！

从1914年至今，京城公用电话走过了百年岁月。公用电话从寥寥无几，到遍布街边，再到手机普及，它在城市中的作用可谓大起大落。如今，我们再也看不到人们排队等待通话的长龙。在人们心目中，现在的公用电话已经不只是通话工具，也许它是一份怀旧的记忆，抑或是一个难以想象的未来。

告别"113"

过去,我们经常在一些照片和电视画面中看到一排排整齐的座席、一个个头戴耳机的姑娘、一声声甜美的嗓音、一双双灵巧的玉手转接电话的场面,这就是北京长话大楼三层的长途台。在那个年代,全国范围内只有少数省会城市开通了自动电话,多数地市使用的还是人工的"摇把子"电话。因此北京长途台的话务座席也以人工为主,半自动座席仅占三分之一,所以长途台便成了最忙的一个部门。尤其是逢年过节,话务员更不能休息,因为这个时候的业务量会更大。在人工长途时代,市话用户要挂发长途电话,要先拨打本地长途挂号台进行登记挂号。我国的人工长途电话挂号台号码是"113"(1961年以前是"03"),此外还有长途半自动挂号台。家里没有电话,如果需要打长途,就必须要跑到长话大楼营业厅。

长途台话务员每天上班做的工作就是要对各自负责的话务方向进行呼叫,沟通对方城市的话务员。有时两个对端话务员长期赶上对班,对彼此的声音非常熟悉,正是由于长途线路上的工作关系,很多话务员都与远在千里之外的对端局长途台话务员成了只闻其声、不见其面的好朋友。在钱钢的《唐山大地震》一书中,记述了这样一件事:唐山地震发生以后,北京方面急于确定震中位置,此时得到北京长途台的报告,分析震中极有可能是唐山,因为北京周边城市长途线路都叫通了,只有唐山方面不通,事后得知,唐山已经全平了。

在电话并不普及的年代,话务员的工作看上去轻松而体面。因用户只能听到话务员那甜美的嗓音,不能见其人,所以又带有几分神秘。在当时,话务工作是许多年轻女孩子向往、热衷的职业。单纯、良好的工作氛围，使一些踏实敬业、业务娴熟的话务员脱颖而出。自20世纪50年代起，长途台先后培养出了李佩琳、郭维瑾、李瑛、赵香英、杨嘉秋、刘希琴等不同年代的劳动模范，她们先后获得全国邮电先进生产者、北京市工业劳动模范、北京市劳动模范称号和五一劳动奖章。

20世纪80年代长话大楼话务台工作场景

20世纪70年代末期至1992年，是长途台的鼎盛时期，话务员最多时达到700多人。进入90年代，全国各地程控电话交换机迅猛增长，长途直拨电话大量开通，很多电话已不必通过长途人工台接转。这期间，人工长途话务量急剧下降，一些人工座席因业务量稀少陆续被撤掉。往日齐刷刷的座席坐满了话务员，而现在，大量的座席闲置下来，拥挤的机房变得空空荡荡，话务员们此时感到了从未有过的清闲。习惯了紧张、忙碌的话务员们感到这种清闲背后的一丝丝恐慌。但是，通信技术进步是大势所趋，不可逆转，话务员告别耳机的日子早晚会到来。北京电信史上第一次大规模转岗开始了。长途台话务员经过培训，陆续被安排到114查号台、营业室、账务中心等部门。随着寻呼业务的兴起，有更多的话务员转为寻呼话务员或客服中心咨询员，还有一些人被安排在传达室、值班室、食堂等部门，甚至当了保洁工，这是通信技术进步不可避免的结果。至2003年，北京人工长途电路全部关闭，长途台彻底完成了其历史使命，使用了近百年的人工长途方式宣告结束。近500名话务员全部转岗或"离岗休养"，人们从此告别了"113"这个号码，取而代之的是国内长途自动直拨（DDD）。昔日似灯塔一般、彻夜灯火通明的长话大楼三层，至此已是人去楼空。对于话务员们来说，曾经的岁月、曾经的青春，是在这一平方米的机台前度过的，小小机台，承载了她们多少喜怒哀乐，这里曾留下她们无数的青春记忆。

如今，只要知道对方城市的长途区号，任何一部电话都可以加拨"0"后，拨打对方城市长途区号和电话号码，很便捷地找到对方。这一切的改变，源于数字通信网技术的应用。提到北京的数字通信网，就不能不说起原北京市电信管理局副总工程师、长途通信专家部熙章。早在1956年，部熙章就与几位技术人员一起，把一部废旧的增音机改制成我国第一台全国会议电话汇接台，让北京长途电信局开办了最早的全国会议电话业务；在20世纪70年代，部熙章担任北京长话大楼总体设计组副组长兼施工组组长，大楼的总体设计、土建施工、设备安装、开通运行都有他的一份功劳；20世纪80年代，部熙章主持引进北京第一套200路国际长途程控交换机。他对北京通信网最大的功劳，莫过于建立起最初的"网同步"项目。

数字通信网中，所有信息被编码为数字信号，发送端和接收端必须保证完全准确的同步，这就需要有精确的时钟系统来控制整个网络的"步调"。1990年，部熙章向电信管理局提出了在北京本地网上搞网同步的具体方案。要知道，部老是20世纪40年代毕业的大学生，当年苦心研读的技术如今都已成为"历史名词"，现在的新技术他年轻时闻所未闻，但他凭着扎实的功底和刻苦的努力，甚至60多岁又开始补习英语，居然追上了时代的步伐。为此北京电信网上安装了首批两个从国外购进的铯原子钟，使误码和信息丢失现象得到改善。在部熙章主持和攻关下，1994年北京首个网同步项目逐步建立起来，此时已经68岁的部熙章正式退休了。退休时，他还一再嘱咐同事："同步网有事，我随叫随到。"退休后，他还编写了《数字网同步技术》教材，为培养新人贡献力量。如今，部老已经离世多年，当我们方便地使用长途电话时，是否也应该记住这位为北京长途电话的发展辛劳一生的老人呢？

在国际长途方面，1986年7月，北京国际长途电话自动直拨（IDD）系统投产，首批开通日本和香港地区双向话路20条，设备是从比利时引进的S1240型程控交换机，初装200路。当年年底已对15个国家和地区开通了直拨电路。1987年12月23日，位于三元桥的北京国际电信大楼落成，这是国家"六五"期间电信行业第一个以拨款改贷款方式建设的重点工程。主楼分地下3层，地上13层，楼高73.3米，主楼建筑面积13467.5平方米，这是我国第一个专用的国际通信出入口局。

20世纪90年代初，邮电部为根本改变我国长途通信落后状况，决定建设全国光缆干线网。1992年10月，京—济—宁光缆干线建设开工，开启了全国光缆传输骨干网建设的序幕。此后，京—汉—广、京—沈—哈光缆工程等相继竣工。1998年，北京至各省市的长途干线全部实现光缆传输，原有的电缆传输方式被淘汰。2000年10月，历时8年、总长达8万公里的"八横八纵"全国光缆干线网全部竣工投产，覆盖全国所有省会城市和七成以上县市，这是一张真正的国家"中枢神经网"。现在的长途光缆干线已经实现密集波分复用（DWDM）技术，一对细如发丝的光纤，满足数万对电话同时通话已经不是梦想。不但电话可以靠光缆传送，而且互联网、数据信息、视频图像都能在光缆中传送。经过几十年的发展，北京已经不再是我国唯一的国际长途出口城市，上海、广州也成为国际通信的出口城市；长话大楼也不再是北京唯一的国内长途出口局，新增的方庄局、皂君庙局、鲁谷局等也成为长途出口局。

1987年建成的国际电信大楼

1992年10月京-济-宁光缆工程开工

国家骨干光缆通信网"八横八纵"示意图

别了，BP机

20世纪90年代，尽管京城住宅电话炙手可热，但最火爆的通信工具却非BP机莫属。曾几何时，腰别BP机是何等时髦，"嘀嘀嘀"的响声是何等荣耀。如今，这声音早已从我们的生活中消失了，寻呼岁月也将永远地留存在我们的记忆里。

对于20世纪80年代末和90年代以后出生的朋友来说，BP机可能只是一个遥远的名词。BP机也叫BB机，是无线寻呼机的俗称，是一种单向的个人通信工具，也就是说只能接收信息，不能发送信息。1948年，世界上第一台无线寻呼机在贝尔实验室诞生，取名Bell Boy。1962年，日本研制出一种小巧的无线电接收机，叫Pocket Bell。这大概是BB机或BP机名称的来源吧。1983年9月16日，上海开通了中国第一个无线寻呼系统，不想短短10年后，我国的无线寻呼用户量已居世界首位。

1985年11月1日，北京无线通信局开办了北京第一家寻呼台——126台，采用人工转发、数字显示方式。寻呼台的中心发射基站设在长话大楼，另在东坝、上庄设两个基站。数字显示的寻呼内容除了显示回拨电话号码外，每个购买寻呼机的用户都会得到一本代码小册子，把一些常用的词语编成数字代码，除了姓氏、性别的代码外，还有例如"04请接我"、"49老地方等"、"56今天加班"、"13不见不散"等等，收到这些信息的人要查代码本才能明白数字的具体含义，确实很麻烦。另外当时的人们并不了解这能发出声响的小黑盒子有什么用处，而且1000多元的售价几乎是当时普通人大半年的工资。几年中，国内

 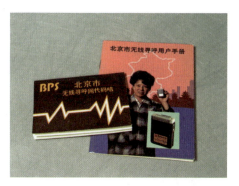

北京126寻呼台第一代数字寻呼机　　　　北京126寻呼台第一批香港印刷的代码手册

的无线寻呼发展得不温不火。到20世纪90年代初，无线寻呼业出现转折。尤其是1990年的北京亚运会，让组委会的官员和更多的普通用户认识了无线寻呼。那时，126台为组委会的工作人员提供了"专项服务"，几乎成为组委会的"秘书台"。这之后，BP机时来运转，变得炙手可热。北京长话大楼东侧的一间小平房——126营业厅前，经常出现排队交费的长龙。那时候，腰间别着一部BP机会引来众人羡慕的目光。由于住宅电话尚未普及，打电话极其不便，街头公用电话也不多，于是，手持BP机排队打公用电话成为街头一景。

1992年12月28日，无线通信局组建了127自动寻呼台。自动寻呼虽然显示的仍然是一串电话号码，但寻呼者不用再与话务员语言沟通，而是用电话连续拨出被呼叫的10位号码，电话发出"嘀嘀"两声叫表示寻呼成功，就可以挂机等候了。被呼者的BP机上则会显示刚才呼人的电话号码，于是就满大街寻找公用电话。自动寻呼大大方便了呼叫者，也刺激了寻呼用户数的膨胀，最终127台的规模超过了126台。当时，北京无线通信局只有位于西直门的营业厅受理127自动寻呼业务，开始放号时，用户为申请127夜间就开始排队，曾创下夜间排队长达300米的纪录，寻呼业务的火爆盛况大概只有若干年后苹果iphone手机在京首发时的场面可以与之相比吧。这一年，北京无线通信局的BP机用户数量突飞猛进，仅126、127台就达到15万用户，创下了历史纪录，使无线通信局所属寻呼台成为京城"老大"。

1994年2月，在127台基础上，北京无线通信局又组建了128汉字寻呼台。呼人者把要通知对方的话告诉寻呼台话务小姐，被呼的汉字BP机上就会出现汉字信息，与我们今天的手机短信极其类似，只是不能直接回复而已，这是寻呼机单向通信的特点。那时，腰里别着一部香烟盒大小的摩托罗拉"大汉显"，是商界精英、成功人士的标志之一。

寻呼机开启了个人即时通信的时代。虽然在寻呼机出现之前，固定电话已经开始走进寻常百姓家，但固定电话无法自由移动，这一局限性无法完全满足人们对即时通信的要求。寻呼机的出现大大改变了这一现象，再也不必分身乏术，你完全可以在另一件事情中等待电话的到来。当然，如果想实现与双方的对话，你的身上除了要有寻呼机，身边还是要有一部固定电话。确切地说，寻呼机满足了人们在移动中的即时通信的要求，它的出现加快了信息传播的速度，使得生活更为方便惬意，工作效率也有明显的提高。寻呼机的声音不像今天的手机，可以随心所欲地定制各种铃声，体现个性化。各种寻呼机的声音基本上都差不多，有人呼入时，都是"嘀嘀嘀"的铃音，所以在公交车上或者办公室、会议室里，"嘀嘀嘀"一响起来，很多人都会不约而同地看看自己腰里的寻呼机。也正是这个声音，寻呼机被人们赋予一个亲切的称呼——"电蛐蛐"。

在无线通信局之后，同属北京电信管理局下属的北京郊区电信局建成了188（汉字）和189（自动）寻呼台，后改为288和289，在10个远郊区县都设有基站，成为北京当时信号覆盖范围最广的寻呼台。很快，后来者居上，288汉显寻呼机比128更抢手。

1993年8月，国务院批转邮电部《关于进一步加强电信业务市场管理意见的通知》，决定将无线寻呼业务等9种电信业务向社会开放经营。社会经营单位从此获准进入电信业务市场。开放就意味着竞争。1994年首批批准了长城、华讯、凯奇、中直等67家企业，共77个寻呼台的申请，到年底获准经营无线电寻呼业务的单位已达到120个、寻呼台140个。此时，社会办寻呼的热潮一浪高过一浪，无线寻呼的发展如火如荼，仅北京一地平均每周就有两家寻呼台开业，而且当年投资、当年收回。那时流行着这样一句话："要想富，上寻呼。"在利益的驱动下，寻呼业迎来一个雪崩时期，寻呼台数量以翻番的速度递增。笔者至今清晰记得王府井南口的东长安街上，"润迅通信"做的寻呼业务巨幅户外广告,"一呼天下应"的广告语何等豪迈。刚开始时,使用寻呼机除了购买寻呼机的费用外,一般要交纳开户费100元,数字机每月服务费15元,汉显机每月服务费40至50元。随着寻呼市场的放开,社会上展开了一场"寻呼机大战",各家寻呼台相继降低入网费。寻呼机的制造厂商和品种也多起来,大街

开放寻呼市场后寻呼机销售遍布大街小巷

上到处可见"寻呼机展销"一类的条幅海报,人们再也不用到西直门排队买寻呼机了。

1993年至2000年,是无线寻呼业务的鼎盛时期。那时大街小巷随时都能听到"电蛐蛐"的声音。1995年至1998年间,全国每年新增的寻呼用户数量均在1000万以上。1998年,中国以6546万部寻呼机的保有量跃居世界第一。到1999年底,全国经营寻呼业务的单位已有1400多家,寻呼用户总数达到了7360万户;2000年底,达到8400万户,中国的寻呼用户总数持续数年居全球第一。其中,出身"邮电",也就是隶属原邮电部电信总局经营的寻呼台占据优势,市场占有率超过60%。

可以说,BP机是第一代个人即时通信工具,它可以在茫茫人海中为你众里寻他,并第一次实现了便捷传递信息。寻呼机市场上一直占主导地位的摩托罗拉公司,那时在中国有一句著名的广告语:"摩托罗拉寻呼机,随时随地传信息",可能很多人都还有印象。人们在拿到盼望已久的BP机时,大都会立即兴奋地告知亲朋好友自己的呼号,最后还不忘叮嘱一句:"有事儿呼我!""有事儿呼我"成为代表着一个时代的流行语。有时寻呼机很长时间不响,反而感到寂寞,于是有人就拿起电话"自呼"一下解闷儿。BP机的流行,体现了人们对即时沟通的强烈渴望。

尽管数字寻呼机的数字代码使用起来很不方便,由于寻呼机的普及,也渐渐渗透到人们的生活中。数字BP机的出现,让枯燥的数字变得有些人情味儿。

博物馆中陈列的各种寻呼机

"3155530都是都是我想你，520是我爱你，000是要Kissing！"范晓萱的《数字恋爱》生动地唱出了"寻呼文化"的一个方面，枯燥的数字，组合出爱意绵绵的情话，造就了第一批"数字恋人"。第一代数字BP机的姓氏代码为两位数，可以想见，当恋人们看到那熟悉的、期待的两位姓氏代码时，怎么不会对数字产生别样的情愫呢？此时的数字不再冰冷，传递的是温暖。在汉字寻呼机出现之前，数字是寻呼机的语言，人们编写的数字代码也成了寻呼机时代的一个重要特征。寻呼机的数字代码有着深远的影响力，即使在手机、QQ、MSN等即时通信工具花样繁多的今天，利用数字组合代替文字的现象也会经常出现，尤其是在年轻人中间，这种"上一代"的时尚被完整地延续了下来。

寻呼火爆的年代，寻呼台话务员曾经是很多女孩子羡慕的职业，被称为"寻呼小姐"，她们甜美、轻柔的声音让人感到温馨，也让很多小伙子浮想联翩。但人们不知道，这些话务员的工作是多么机械、紧张、枯燥。话务员每应答一个用户呼叫按要求必说三句工作用语："您好"、"您呼多少号"、"您贵姓"。在问话的同时，眼睛盯着计算机屏幕，右手还要在8秒钟之内将寻呼号码敲入计算机的小数字键盘，眼睛、嘴巴、手指同时工作。除了正常繁忙的寻呼业务之外，寻呼台还经常做一些超出寻呼业务范围的事情，例如当年的126台曾利用寻呼为留守家里的孩子找到了父母。班长台还经常接到用户提出代发情书、诀别信等请求电话。有些夫妻吵架，女方在气头上拨通班长台后，边哭边说着指责对方的气话，并告诉班长台："给我呼100遍！"班长台俨然成了宣泄不良情绪的场所。此时，班长要边劝慰用户边发出呼叫信息，承担着"心理咨询师"的角色。还有一些外国朋友到北京后，经常问到哪里购物、看病，游览哪些景点，如何乘车等。还有的用户第二天要出差，希望126寻呼台"叫早"……这些分内分外的要求，寻呼台也尽力满足，为用户提供"综合信息服务"。1990年，126台话务班被命名为"北京市先进青年班组"；1991年，被邮电部授予"全国邮电先进集体"。如今，不少当年的寻呼台话务员已成为北京联通客服中心、外呼发展服务中心的中坚力量。

1998年，电信体制改革开始，原邮电部将电信总局经营的无线寻呼业务进行了剥离改制，成立了独立经营的国信寻呼集团公司。国信寻呼当时拥有总资产168亿元，主营业务收入90亿元，利润13.6亿元；拥有3400万用户，占全国寻呼市场的60%以上。为了扶持"先天不足"的中国联通公司，国家除了调拨大批的原邮电系统的优秀高管和技术人员加入联通外，1999年5月20日，国信寻呼集团公司整建制划入中国联通。当时，国信寻呼带着比"婆家"多出两倍的资产、能赚钱的买卖和一大批经验丰富的管理技术人员，正式"嫁"给中国联通时，人们戏称是"大家闺秀嫁给了穷秀才"。在中国联通上市的85亿元净资产中，"国信"作为优质资产占据69亿元。应该说，"国信"融入联通，寻呼为联通的成功上市和加快发展作出了重大贡献。

就在寻呼市场异彩纷呈地上演着竞争与融合的时候，一场无法避免的技术替代也悄悄开始了。尽管寻呼机 "随时随地传信息"，但单向通信方式注定要被新技术所淘汰。20世纪80年代后期，移动电话手机陆续在大城市出现，开始时由于过高的价格门槛，挡住了大批普通用户。20世纪90年代后期，我国移动电话市场一路高歌猛进，出现了又一个"雪崩效应"，用户数量逐年呈几何级数递增。从1998年到2000年，我国的移动电话用户分别增长600万、1300万和4000万户。到2000年时达到8526万户，总数超过了寻呼用户。那时有一句著名的广告语："呼机，手机，商务通，一个都不能少！" 正是见证了寻呼机与手机并存过渡的时代。进入21世纪，手机逐渐具备了主叫号码显示、短消息等功能，这使得手机实际上也具备了寻呼机的功能。移动电话，作为新的个人通信工具，这些业务的替代作用击中了无线寻呼的"命门"，使得寻呼无力还手，在竞争中节节败退，并渐渐被用户遗弃。

另外，无线寻呼作为最早放开经营的电信业务之一，市场开放程度高，加之门槛过低、行业监管力度不够等原因，一些寻呼台招聘的话务员良莠不齐，业务素质不高，服务较差，引起很多投诉；一些寻呼企业不计成本"改频入网"，盲目扩张、追求市场占有率，造成价格战惨烈，无序竞争，这些都加速了寻呼业的衰亡。从2000年开始，寻呼市场以超常速度萎缩。同一年，针对社会寻呼台过多过滥的局面，为保护航空及水上通信安全，国家对无线寻呼台站进行重新登记，更使社会寻呼台数量急剧下降，加快了寻呼业务的早早退出。

通过以下数字，我们可以感受当年的业务替代是多么惨烈。2000年10月，国信北京寻呼公司在网用户41万多户，2002年1月，在网尚有37万多户，到12月只有不足19万户，一年减少了近一半用户；而北京联通寻呼用户2002年1月在网用户15万多户，而到了12月只有5万多户了。寻呼，原本是盈利赚钱的买卖，现在已经处于逐年亏损状态。2005年，北京寻呼用户已经所剩无几，北京联通相继停用了126、127、198、199等一批台号。2006年9月30日，北京联通经北京通信管理局同意，关闭北京寻呼网。2007年3月22日，中国联通关闭无线寻呼服务的申请获得国家信息产业部批准，至此，全国30省无线寻呼业务正式关闭，曾经风光20载的无线寻呼业务画上了句号。别了，BP机。

世事更迭，当寻呼成为往事，沉淀下来的却是温馨和美好。回想寻呼机，仅仅几年的时间却犹如隔世。有怀旧情结的人会时常想起自己的寻呼机和它曾经带来的喜怒哀乐，有些人甚至至今依旧珍藏着它们。北京通信电信博物馆中陈列着那个时代的多种寻呼机，与来宾们一起重温着已经远去的"寻呼岁月"。

"大哥大"来了

人们渴望随时随地自由通信，虽然寻呼机首开个人通信的先河，在中国大地上风起云涌、如火如荼，但是只能单向通信的局限，注定它要被新的通信技术所取代。20世纪90年代，一种像砖头一样大小，沉甸甸、黑乎乎的手持电话出现在中国人的视野里。过去人们只是在香港电影中经常看到这种通信工具，一般是黑社会老大或富商巨贾拿着，霸气十足、吆五喝六地打着电话。黑社会头目被称为"大哥"，那么"大哥大"自然就是大哥中的大哥、大款中的大款，所以这种通信工具也被人格化地赋予了"大哥大"的霸气称谓。"大哥大"是真正意义上的个人通信系统，可以很方便地与对方（包括座机）实现双向通话，它的标准名称是移动电话，属于无线通信的范畴。

第一代移动电话是模拟蜂窝移动通信系统，最早由美国贝尔实验室提出蜂窝概念和蜂窝组网技术。这种系统可以尽量减少基站的设置，有效弥补基站间的信号空白，并实现频率的重复使用，使有限的无线频率资源包含更多的移动用户数量。

中国移动电话的步伐其实并不比西方落后，早在20世纪70年代中期，鉴于公安、消防、交通等部门对无线移动通信的迫切需求，以及唐山地震对城市通信中断带来的严重影响，中国已经着手研制移动通信系统。1981年中国第一套接入市话网的150MHz移动电话系统研制成功，1982年7月1日在上海向社会放号，这是中国第一次开放移动通信业务，比中国第一次开放无线寻呼业务还要早两年。

在自行研制的同时，邮电部也密切跟踪世界移动通信的发展动向，着手引进技术设备。1978年，邮电部从意大利引进了车载移动通信系统，在北京完成了中国历史上第一次移动通信实验。此后，国家确定选用900MHz的TACS制式（Total Access Communications System）作为中国模拟制式蜂窝移动电话标准。1987年11月18日，中国第一个TACS模拟蜂窝移动电话系统在广州正式开通。

北京的移动电话系统在1986年确定引进美国摩托罗拉公司的技术设备，这一全新的通信技术，对于电信技术人员无疑是陌生的。为此北京电信管理局选派出万祖铭、王福乐、陈明葵、于静、李树兴、卢新茂赴美国芝加哥的摩托罗拉公司总部学习，四个月后，六位技术人员以优异的成绩结业回国，成为北京移动通信建设最初的"技术种子"，为后来的设备引进安装立下汗马功劳。

当时北京的电话网正是多种制式交换机并存的时代，移动电话建成后，也要与市话网相互通话并提供市话主叫号码显示功能，还要具备互不控制释放功能，这给技术人员出了大量难题。经过几个月上千人工的努力，1987年11月，北京引进美国摩托罗拉公司900MHz、TACS制式A频段模拟移动电话网，开始试运行，简称A网。11月23日，时任国务院总理李鹏到北京国际电信大楼视察，专门了解了移动电话的建设情况，并打通了具有象征意义的北京第一个移动电话。当时的北京移动电话，只有5个发射基站，城区基站设在建国门内国际饭店，另外4个郊区基站分别设在昌平、怀柔、通州永乐店和房山良乡。

1988年7月，北京公众蜂窝移动电话业务正式向社会放号，也就是最早使用的"大哥大"。模拟移动电话号码开始启动90字头，一共7位号码，后来升到8位。当时一部移动电话的价格在2万元左右，入网费6000元，市话费每分钟0.5元，而且要双向收费。在那个"万元户"还让人刮目相看的年代，这种价格对于普通工薪阶层来说是不敢想象的。于是继寻呼机之后，"大哥大"又成为商界精英、社会高层们身份地位的象征。1988年底，北京的移动电话用户一共有825户。90年代初期，一部"大哥大"往往是商务谈判和聚餐宴请酒桌上的"贵宾"，用"大哥大"的人，坐到座位上，说话之前，先从包里掏出一部"大哥大"，往桌上一墩，立即胸脯挺拔、底气十足。甚至还有人为了虚荣，找人借一部"大哥大"，到处炫耀，冒充大款，专找人多的地方打电话，说得眉飞色

北京移动电话放号后火热的购机场面

舞、唾沫四溅,其实电话根本就没开机。现在看起来,我们除了佩服他们的表演才能外,简直十分可笑了。

为满足北京亚运会的通信需要,1989年,瑞典爱立信公司向北京赠送了TACS制式B频段移动通信系统,组建北京蜂窝移动电话B网,初设9个基站,1990年开通。从此北京移动电话网上有A网、B网两套系统。

虽然带上一部"大哥大",显得"倍儿有面子",但模拟通信技术上的局限,使"大哥大"的通信质量并不理想,还容易被盗号,尤其是异地漫游非常困难,在确保异地有网的情况下,还要经过一套手续,申请漫游号码才能实现漫游。在1998年的央视春晚上,黄宏和宋丹丹的小品《回家》中,我们还能看到"大哥大"的身影,尽管那时"大哥大"的光环已经逐渐褪去,但小品中所表现的,对于底层普通人来说,"大哥大"仍然具有通话功能之外的社会意义。经典台词"移动电话,就要移动着打",也道出了模拟移动电话在通话质量上的缺陷。随着时间的推移,人们越来越不满足于"大哥大"使用上的不

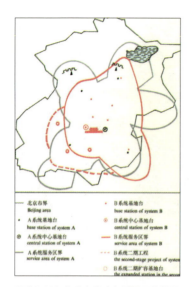

20世纪90年代北京移动电话网覆盖范围

便,霸气的外形原本是人们追捧的核心,但回归理性后,个头太大、重量太沉,成为"大哥大"被诟病的一大缺点。

1994年,北京电信管理局引进芬兰诺基亚公司和美国摩托罗拉公司设备,建立北京GSM(全球移动通信系统)数字蜂窝移动电话网,称为D网,并定名为"全球通"。这就是第二代蜂窝移动电话,现在简称为"2G"。1995年4月该系统放号,启用139网号并与全国15个省市联网实现自动漫游。同年7月,原中国联通也开通了京、津、沪、穗130网GSM数字移动电话。数字移动电话出现后,可以方便地实现异地漫游,通话质量也有大幅度提升,电话外形和重量也迅速瘦身,变得小巧可爱,价格也越来越亲民,于是GSM数字移动电话迅速成为北京公众移动电话网的主流。

1997年9月,北京移动电话用户突破50万户;1998年12月,北京移动电话用户突破了100万户。1999年7月22日,全国GSM数字移动电话号码升至11位。2000年4月,移动电话业务从中国电信集团公司中整体分离,成立中国移动通信集团公司。"大哥大"的霸气时代迅速走向终结,笨重、昂贵的"黑板儿砖"从人们的视野中消失了,人们给新的数字移动电话起了一个中性的名字——手机。随着"全

第一代模拟蜂窝移动电话,俗称"大哥大"

20世纪90年代北京街头巨幅数字移动电话广告

球通"数字移动电话的兴起，第一代模拟蜂窝移动通信系统很快被取代，2001年12月31日，中国移动正式关闭了模拟移动电话网，中国的移动通信进入了全数字时代。这一年，北京的移动电话用户达到629万户，全年增长了282万户，而同期固定电话增长了76.5万户。这一年，北京的移动电话用户数量一下子超过固定电话用户100万之多，而全国移动电话则突破了1亿户，中国成为全球移动电话用户最多的国家。短短一年后，这一数字已突破2亿！

告别20世纪，新的21世纪已经是手机的天下。手机融入人们生活的方方面面，而且俨然已经成为一种文化。现在如果出门忘了带手机，或者路上手机没电了，心里会没着没落不踏实，真难以想象当年没有手机的时代是怎么过来的！2003年，冯小刚导演的电影《手机》上映，这是第一部以手机为主题的电影，道出了手机时代的社会百态、是是非非。

移动通信在短短的20多年内经历了三代更新，实现了质的飞跃。现在，4G时代已经来临。此时此刻，读者不妨走进北京通信电信博物馆，对比一下移动通信的今昔，一定会感慨万千。

尼克松带来卫星通信

卫星通信是利用通信地球卫星作为空中中继站，将某一地球站发射来的微波信号转发到另一地球站，从而实现两个或多个地球站之间通信的一种通信方式。理论上讲，3颗同步地球卫星就可以覆盖除南北极以外的全球范围。

早在1945年，英国就有人大胆提出利用发射到太空的人造卫星作为地面远距离中继站的设想。1957年，苏联发射了人类第一颗人造地球卫星，1960年，美国进行了卫星通信实验。1963年，美国卫星实现了横跨太平洋的美、日间电视转播，及时播出了美国总统肯尼迪遇刺的消息，使得卫星通信被全世界所关注。1965年4月，国际卫星通信组织的一颗名为"晨鸟"的静止轨道通信卫星开始承担通信服务，标志着卫星通信从实验阶段进入商用阶段。

中国卫星通信事业是在敬爱的周恩来总理关怀下，根据当时国家政治、外交和经济发展的需求，于20世纪70年代诞生的。在我国建设卫星地面站之前，有两件非常重要的外交活动，一件是1972年2月21日，美国总统尼克松访华；另一件是同年9月25日，日本首相田中角荣访华，这都是全球瞩目的大事，需要通过卫星系统迅速将电视图像、照片、传真、新闻报道传遍全球。而我国当时还不具备卫星通信条件，既没有通信卫星，也没有地面站。

当时美国计划随总统来访携带小型卫星地面站，在中国进行卫星通信。周总理敏锐地意识到，这涉及中国的电信主权问题，在中国的领土上是不允许外国开展通信业务的。为此周总理提出通过"租用"的方式巧妙地解决了这个困难，即中国政府向美国租用卫星地面站进行通信转播。在美国总统和日本首相

1972年美国总统尼克松访华时我国租用的第一座卫星通信地球站

访华期间，中国政府先后租用了美国和日本的卫星通信地球站进行电视新闻实况转播，地球站设在首都机场。访问结束后，中国向美方和日方购买了他们带来的小型卫星站，从而为中国的卫星地球站发展提供了借鉴。中美建交、中日邦交正常化，这些重要的外交活动推进了世界的和平与发展，其间的点点滴滴都凝聚着老一辈领导人的智慧和辛劳，来之不易。

　　周恩来总理曾于1972年1月和8月先后批示在北京建设1号、2号卫星地面站。1973年7月4日，从国外引进的1号站投产，通过太平洋上空的国际卫星开通国际通信业务。1974年3月25日，2号站投产，通过印度洋上空卫星开通对欧洲、亚洲、非洲的国际电路。1975年，我国自行研制的10米天线卫星地面站诞生，标志着中国具备自主研制卫星地面站的能力。1984年1月29日，我国的第一颗通信卫星"东方红2号"发射升空，实现了覆盖全国的信号传输，改变了边远地区通信落后状况。

　　1985年10月，第一座国内卫星通信地面站在北京建成。时任国务院总理李

20世纪70年代建成的北京1号卫星地球站

鹏亲往剪彩，并在机房通过卫星电话与新疆、西藏、内蒙古党政军领导同志通话。

经过多年发展建设，如今位于海淀区上庄乡的北京1号、2号卫星地面站占地130多亩，成为北京联通卫星通信局。站内直径9米以上的天线有12副，有全国最大的3副卫星天线之一，直径达30米，承担着国际国内通信、电视转播等任务。

博物馆内陈列的20世纪卫星通信设备

代号"五〇"

现代通信组织中，除了我们熟悉的电话局以及其他电信运营商之外，还有一支精干而神秘的通信队伍，那就是应急机动通信。虽然它的身影无处不在，总是第一时间出现在需要的地方，但与我们日常生活直接接触的机会并不多，所以人们对机动通信可能还不了解。

走进通信电信博物馆的二层，这里以很大的篇幅展示了北京应急机动通信的来龙去脉及其发挥的巨大作用。

从新中国成立直到20世纪60年代，北京电信局及北京长途电信局参与承担了很多应急通信任务，比如支援抗美援朝、支援福建沿海保卫大陆安全、配合中国首登珠峰、支援河北邢台地震救灾、支援哈尔滨松花江抗洪等等，都有北京电信部门派去的优秀技术业务人员。不过此时还没有组建专门的应急通信队伍，面对紧急通信任务，都是临时抽调人员参加。

1967年，在那个将通信的政治色彩、军事色彩不断提高的岁月里，电信部门作为国家的要害部门开始实行军管。1969年9月，邮电部军管会发出通知："……要准备一些按时运用的中小型战备电台，要安装在离城市较远的、靠山隐蔽条件比较好的地带，以保证大型电台被破坏后，中小型电台也能随时开通。"于是北京长途电信局成立了代号为501～505的5个通信站，担负应急机动通信任务，也称为战备通信。主要任务是应对突发战争和地震、洪水等自然灾害造成的通信中断，提供应急通信联络。

随着通信的战备意义不断升级，1970年1月1日，北京市长途电信局划归军

博物馆内陈列的20世纪70年代应急通信设备

委电信总局领导，北京市市内电话局则划归北京卫戍区领导，电信局内的机构也参照军队建制进行了改编。长途电信局的局机关改成了指挥部、政治部、后勤部，下面设6个大队、21个连队。原来的5个通信站改编为北京长途电信局第四通信大队，共有180多人，专门负责战备通信。通信大队在1972年又改组为通信总站，代号为"五〇"，在北京周边某地的大山里，建立起一座神秘的院落，这就是今天北京机动通信局的前身。

五〇通信总站配备了相当齐全的应急通信设备，包括有线和无线两个机动通信车队，共有无线通信车、有线通信车、发电车、工程抢险车以及生活保障车等76辆，无线通信车里配有短波收发信机，有线通信车内配有载波机、载报机、电传机、电话交换机等，一个机动通信站，可以说就是一座汽车上的综合电信局。此外还在周边建立了两处隐蔽无线电台、三处载波通信站，这些电台和通信站的任务是：一旦北京与外界的长途通信被破坏，立即承担起备用路由，保障北京的通信。

在那段过去的岁月里，北京应急通信的200多名青年职工生活在远离城市、交通不便、物质和精神生活十分贫乏的深山中，尤其是总站周边几个通信站，基本上都是设在山洞里，条件更为艰苦。在总站最繁荣的时期，职工最多时达到550多人，他们舍小家为大家，为国家的战备通信事业作出了无私的奉献。

如今，五〇通信总站的院落早已停用，人去院空，笔者曾多次前往五〇通信总站旧址寻访，看着庄严的车库、一排排整齐的宿舍、宽敞的大礼堂、废弃多年的操场，仿佛看到当年的机动通信职工们正在紧张地练习专业技能、军事化拉练，高喊着口号，精神饱满地投入通信任务中。

在五〇通信总站的历史上，1975年参加河南信阳、驻马店地区特大洪水期间无线通信工作，1976年参加唐山大地震救灾通信工作，1983年在防止永定河泛滥任务中，1984年在公安部搜捕抢劫杀人犯"二王"行动中，1984年在美国总统里根访华和1986年英国女王伊丽莎白访华游八达岭长城的应急通信任务中，都发挥了重要作用。

在唐山大地震发生后，五〇通信总站和北京电报局立即派出12辆应急通信车和105名报务、机务人员，组成抗震救灾通信队，分两批火速奔赴抗震救灾第一线。在灾区，电信职工不顾个人安危，震后第二天即开通了唐山地区各县至中央领导机关的专线电话，第三天又开通了唐山至北京、石家庄的电传打字电报电路，同时用应急通信车开通了与北京定时会晤的短波无线通信报话电路。无线通信车在唐山机场为地震局开设地震情报网，为监视震情提供了有利条件。北京市电信局也分三批派出230人，赶赴灾区恢复通信，不到10天就及时沟通了唐山地委到机场、开平、滦县、滦南、乐亭、杨各庄等地的通信联络。这些通信联络的恢复，既保证了党中央、国务院对整个抗震工作的指挥，又保证了中央赴唐山慰问团专线通信及河北省委、唐山市委对抗震救灾工作的指挥。

五〇通信总站旧址内昔日的车库

行驶在抢险救灾途中的应急通信车队

第一代短波通信车内设备

至今仍保留在原车库内的第一代应急通信车

在恢复通信的战斗中，不少同志冒着生命危险，抢救遇难人员和国家财产。出色的通信保障，使抗震救灾通信队受到了邮电部、中共河北省委、省政府和唐山地区领导的高度赞扬。河北省委、省政府赠送给北京抗震通信队的锦旗上写着："抗震救灾通信兵，红心银线连北京。"

今天，这些曾经赴唐山救灾的第一代机动通信车，还在五〇通信总站旧址的车库中静静地守候着，仿佛随时待命，执行通信任务。年轻人已经不认识了，这些仿苏联"嘎斯"卡车的南京老"跃进130"和中国一汽生产的"大解放"，也曾是我们新中国汽车工业的骄傲。打开尘封已久的车门，在手电的强光下，拂去设备上的灰尘，清晰的标语还在诉说着那段红色的岁月。抽屉里还留着没有用完的圆珠笔和《通信日志》，如果没有那些灰尘，真的以为这些车辆刚刚执行完通信任务返回车库。北京通信电信博物馆曾计划将这些有代表性的"功勋通信车"收入馆藏，作为永久的纪念，但遗憾的是，博物馆目前的展厅和库房都不具备这个条件，也没有室外场地可以存放，观众只能在博物馆的照片中看到它们的身影。博物馆展厅中还专门制作了五〇通信总站原址的沙盘，供不能亲往实地参观的人们感受它当年的神秘和辉煌。

根据国家对机动通信"平战结合"的要求，1988年，北京电信管理局决定将五〇总站迁回北京，在大兴黄村建立新的机动通信基地，并更新了通信车辆和设备，引进了彩色电视传送、车载卫星地球站等先进的设备和技术。1990年5月，五〇总站更名为北京机动通信局，北京应急机动通信翻开了新的一页，走上专业化机动通信的道路。20世纪90年代，北京机动通信局先后两次接受党和国家领导人的视察检阅，可以看出国家对机动通信的重视。

在新的时期，北京应急机动通信被赋予了新的使命，除了承担抢险救灾的通信保障任务之外，在常规通信不能保障的各种场合，都能看到机动通信车的身影，机动通信已经成为常规通信的有力补充和延伸，而且机动通信从以前的承担政治任务逐渐走向商用。机动通信车的功能也日益齐全，现在正在使用的具备卫星功能的应急通信车，集市话、长途、移动、电视转播、卫星通信等多种通信手段为一体，完全是一辆流动的通信公司。

具有卫星视频转播功能的应急通信车内景

赴汶川地震灾区执行通信保障任务时的值班日志

可能很多读者以为电视现场直播是电视台的工作，其实电视节目传送是北京机动通信局的重要工作内容之一，现在很多重要活动现场，都由机动通信车承担着电视节目的传送。

自20世纪90年代以来，机动通信局经过平战结合道路的实践和锻炼，出色地完成了众多通信保障任务。

1998年8月，长江、嫩江、松花江流域发生严重洪水灾害。北京机动通信局人员携带微波通信设备、海事卫星以及5辆应急通信车分批赶往武汉、内蒙古、吉林和黑龙江灾区。在武汉，在离长江大堤仅10米的地方设立了车载式移动电话基站，为灾区抗洪抢险指挥调度、物资调拨、群众转移提供重要的通信保证，被灾区军民誉为"洪水中的生命线"。

2008年5月12日，汶川大地震。北京机动通信局先后派出54名抢险队员和12辆应急通信车，已经50多岁的赵长益局长亲自带队，携带KU卫星系统、1000线程控交换系统、200千瓦供电系统等应急通信设备开赴灾区。在成都、都江堰等

机动通信车第一次走出国门，为悉尼奥运会提供通信服务

国庆60周年天安门广场开通应急通信基站

地为抗震救灾指挥部、抢险部队、志愿者及灾区群众提供着全天候的通信服务。那时刚刚完成奥运圣火珠峰传递通信保障任务的宋杰、吴时东，则携带电视传送设备，直接从拉萨飞到了地震灾区，成为第一批北京支援灾区的通信人员，在重灾区北川县城为新闻媒体传送视频，及时传递抗震救灾一线信息。

此外，在张北地震、北京平谷、密云山洪抢险救灾、香港回归、澳门回归、抗击"非典"、北京奥运会、青海玉树地震、北京"7·21"特大暴雨、神舟载人飞行、天宫一号升空、嫦娥卫星探月、四川雅安地震、历次全国"两会"、历次国庆庆典等等重大事件中，都有北京机动通信的支撑和保障，可以说，现代机动通信正发挥着不可替代的巨大作用。

几十年间，北京机动通信的足迹遍布祖国的大江南北、长城内外。2000年，北京机动通信第一次走出国门，远赴澳大利亚，承担了悉尼奥运会期间的部分国际电视卫星传输业务，2002年赴韩国承担韩日世界杯足球赛国际卫星传输业务等等。

从大山深处代号"五〇"的保密通信站一路走来，北京机动通信经历了无数次重大通信保障任务的考验和洗礼，已经完全成长为电信行业的"特种兵"。一辈辈机动通信职工继承着五〇总站时代就已造就的精神和性格，随时待命，整装出发……

笔者站在五〇总站旧址空空的院子里，这里是北京机动通信的根，对比今昔，心情久久不能平静。希望这个院落能长期保留，并依原址建成一处机动通信陈列馆，供人们了解那段火热的历史。

追踪中国第一封E-mail

计算机互联网的一个重要应用是电子邮件，也就是E-mail，初期被国人亲切地称为"伊妹儿"。那么有没有记录中国第一封电子邮件是谁、在什么时间发向国际互联网的呢？业界通常认为我国第一封电子邮件是北京计算机应用技术研究所于1987年9月14日发出的。在百度上搜索"中国第一封电子邮件"，也会出现大量关于这个邮件的信息。

在中国互联网络信息中心（CNNIC）2005年6月修订的《中国互联网发展大事记》中，按时间顺序记载的第二个大事件便是我国发出第一封电子邮件："1987年9月，CANET（中国学术网）在北京计算机应用技术研究所内正式建成中国第一个国际互联网电子邮件节点，并于9月14日发出了中国第一封电子邮件：'Across the Great Wall we can reach every corner in the world.（越过长城，走向世界）'，揭开了中国人使用互联网的序幕。这封电子邮件是通过意大利公用分组网ITAPAC设在北京侧的PAD机，经由意大利ITAPAC和德国DATEX-P分组网，实现了和德国卡尔斯鲁厄大学的连接，通信速率最初为300比特/秒。"

在中国通信学会编著的《中国通信学科史》一书中，也记述了这封著名的电子邮件，还附上了邮件的打印稿影印件。在影印件上，邮件署名共有7人之多，包括王运丰（当时研究组的技术顾问）、李澄炯以及其他5名技术人员。现从邮件记录来看，发出时间为9月14日，收到时间为9月20日，莫非当年一封电子邮件竟然走了6天！据当年参与项目研究的李澄炯回忆，9月14日的发送并未成功，经过一番努力，1987年9月20日20时55分（北京时间）才终于发送到联邦德国的服务器上。李澄炯回忆，王运丰还曾因此获得德国总统颁发的大十字勋章。

在发电子邮件犹如探囊取物、仅费点指之劳的今天，我们真的很难想象当年为了发一封电子邮件，一群技术人员耗费了6天时间，才发送成功。

中国第一封电子邮件似乎已经水落石出，尤其在官方书刊文献上获得认可，基本可以板上钉钉了。然而事情并非如此，曾在中国科学院高能物理研究所工作多年的吴为民教授对此提出了异议。

吴为民教授2006年8月专门撰文，以当事人身份回忆了20年前的往事，并列举了大量原始资料，证实了中国第一封国际电子邮件是在1986年8月25日，由吴为民在北京710研究所发给瑞士日内瓦欧洲核子研究中心斯坦伯格教授的。这封邮件比前面所述"越过长城，走向世界"的邮件早了一年多。

20世纪80年代初，高能所参加了欧洲核子研究中心（CERN）的国际合作项目组——ALEPH，由吴为民任高能所ALEPH组的组长。当时迫切需要建立国际间的计算机通信连接，实现数据信息的共享。可是当时的高能所连像样的计算机都没有，大量的模拟计算要到水利水电科学院去借用M-160计算机进行。为了解决这个困难，吴为民与主管软件开发的肖健院士（已故）共同研究，开发了以远程终端方式连接水利水电科学院M-160计算机的通信方式，两个单位中间使用特高频通信机，利用微波方式沟通了位于玉泉路的高能所和位于木樨地的水电科学院之间的计算机。在克服很多具体困难之后，这个系统在1984年7月1日正式开通了，可以说是中国计算机网络通讯迈出的第一步。从此高能所的研究人员不必再背着数据磁带坐公交车去木樨地上机了。紧接着，迫切需要解决的国际计算机通信问题被正式提上议事日程。由CERN的通讯专家以及北京高能所吴为民等多位技术人员组成了两边的工作小组，共同解决这一前所未遇的"国际难题"。

经过双方两年多的努力，1986年8月，在CERN通信专家的帮助下，高能所利用奥地利维也纳广播电台与北京信息控制研究所（航天710所）之间的卫星通信线路，辗转实现了与CERN的X.25分组交换拨号连接，速率560比特/秒（bps），并登录到远程主机上进行联机检索，收发电子邮件。

```
#13        25-AUG-1986 04:11:24                                    NEWMAIL
From:    VXCRNA::SHUQIN
To:      STEINBERGER
Subj:    link

dear jack,i am very glad to send this letter to you via computing link which
i think is first succesful link test between cern and china.i would like
to thank you again for your visit which leads this valuable test to be success.
now i think each collaborators amoung aleph callaboration have computing link wh
ich
is very important.ofcause we still have problems to use this link effectively
for analizing dst of aleph in being. and need to find budget in addition,but mos
t
important thing is to get start.at the moment,we use the ibm-pc in 710 institute
to connect to you,later we will try to use the microwave communicated equipment
which we have used for linking m160h before,to link to you dirrectly
from our institute.
lease send my best regards to all of our colleagues and best wishes to you.cynt
hia
and your family.
by the way,how about the carpet you bought in shanghai?
weimin
```

中科院高能物理所吴为民发出的第一封电子邮件打印稿

1986年8月25日，北京时间11点11分24秒，瑞士日内瓦时间4点11分24秒，吴为民在北京710所的IBM-PC机上，向瑞士日内瓦的斯坦伯格教授发出了第一封电子邮件。吴为民回忆说，由于当时国际通信费用昂贵，心情紧张，这个邮件中有许多大小写的错误，拼写与换行也有不少毛病。当时的通讯速度很慢，键盘上每打一个字母，常常是慢吞吞地蹦到终端屏幕上，但大家依然兴致勃勃地在笑声中等待，这毕竟是中国第一条通向国外的计算机通信网络。

在这封电子邮件发出20周年之际，吴为民在CERN的同事帕拉齐博士的协助下，找到了20年前 CERN计算机部的VAX计算机的备份数据磁带，并请专门的技术员帮助解读。

作者本人对这封英文邮件的翻译如下：

亲爱的Jack,我很高兴通过计算机联网给您发这封信，我相信，这是在欧洲核子研究中心与中国之间的第一个成功的计算机通讯。我想再次感谢您最近对北京的访问。正是这次访问导致了这个有价值的计算机通讯试验的成功。我想，现在，每一个ALEPH协作组的成员，都用计算机网络联系起来了。这是非常重要的。当然，要在北京分析ALEPH的数据压缩带，还有许多问题，并且需要为此找到经费。但最重要的是，我们已经开始启动。目前我是用710所的IBM-PC机与您联系的。我们将把目前用于连接M160H的计算机的微波通讯，从高能物理所直接与你们联机。请代向同事们问好，祝您、辛西娅和您全家幸福。顺便问一下，您在上海买的地毯如何？为民

笔者推想，这封邮件之所以一直没有进入公众视野，一是高能所的核心工作是物理研究，电子邮件只是副产品，当时可能并没有想到它的标志性意义，没有引起重视和宣传；二是吴为民教授的这封邮件是一封普通的私信，而且一直沉睡在CERN的存储器中，真的不如"越过长城，走向世界"这样的豪言壮语更对我们的胃口。

今天，当我们的家庭上网速率已经到了10兆位/秒（Mbps）、20兆位/秒甚至更高的时候，我们难以想象，20多年前，国家的顶级科研部门还在为300比特/秒或者560比特/秒的计算机通讯大伤脑筋，20多年时间，网络速率几个数量级的飞跃，普及度几何级数增长，超乎我们的想象。

不管是北京计算机应用研究所的"越过长城"还是高能物理研究所的"一封私信"，我们都应该记住那些为中国计算机通信事业开创时代的人们。

"中国之窗"的诞生

大家还记得第30届伦敦奥运会开幕式么？蒂姆·伯纳斯·李——万维网（World-Wide-Web，简称WWW）的创始人——现场用键盘敲击出"THIS IS FOR EVERYONE"，顿时闪耀全场！时光交错，在蒂姆·伯纳斯·李提出万维网设想并开发出第一个浏览器之后，可能连他自己都不会想到，万维网彻底改变了世界。

中国第一个WWW网站是在哪里建成的呢？我们还要说到中国科学院高能物理研究所。20世纪80年代后期，尽管高能所在中外一批科学家的努力下，费尽周折，辗转开通了国际计算机通信网络，但那时国际通信费用高昂，而且收发电子邮件要双向收费，因此尽管那条计算机专线是个创举，但过低的速率、过高的费用还是让人望洋兴叹，除了偶尔发几封电子邮件外，很少使用。

随着中美高能物理合作的深入，尤其是北京正负电子对撞机在高能物理所的建成，使中国在高能物理研究领域进入世界先进水平。这个实验项目需要与国际上很多专家进行交流，急需网络专线。1991年，中美高能物理合作会谈正式提出建立一条从北京高能所到美国加州斯坦福直线加速器中心(SLAC)的64千位/秒（Kbps）的计算机联网专线，以便北京接通Internet。当时北京谱仪（BES）中美合作组负责人——美国的瓦特·托基教授，为中国开通Internet作了巨大的努力，功不可没。他首先把与中国计算机联网的建议书寄给了十几位全球顶尖的科学家，让他们签名支持，其中大部分都是诺贝尔奖的获得者，包括杨振宁、李政道、丁肇中等人。这批科学家签名后，递交美国能源部，这封信对美国方面同意中国接入计算机网络起了很大作用。

中国接入Internet，除了技术上的一系列困难外，还有政治上的困难。当时高能所使用X.25协议由北京电信局分组交换网可以接通4.8千位/秒的通道，经中美两国技术人员的决策，高能所向思科公司订购了Cisco3000系列的路由器。但在"巴统"的限制下，这种高档IT设备是不允许向中国出售的，直到1993年10月才正式解禁，但美国还是不会轻易同意让中国等社会主义国家接入Internet。

根据当时主持此项工作的中方科学家许榕生博士回忆，在此之前，一直是用从美国SLAC借来的DEC路由器做试验。中美科学家一起讨论怎么推进这个事情，最终决定租用64千位/秒通信专线的方案，当时AT&T公司的卫星专线每月费用是7000美元，而打国际长途的费用每月要15万美元，也就是说用电脑网络可以节省20倍的费用。这条国际专线的具体路由是通过北京三元桥的国际通信局租用AT&T公司的64千位/秒卫星专线，直通美国旧金山，然后美国通过地面光缆连接到斯坦福的SLAC计算中心。但中国这边就比较麻烦了，按照电信局的设计，要先从三元桥国际局到复兴门的长话大楼，使用微波无线传输，长话大楼到五棵松821电话局用光缆，而从821局到玉泉路的高能所就没有光缆了。当年申请铺设一条光缆需要邮电部批准，而且高能所也不可能拿出天价的资金。没办法，两国科学家和AT&T公司的专家一起到北京电信局商讨解决办法，最终确定，用一对电话线从821局连接高能所，两端用64千位/秒的基带调制解调器（DSU）相连。高能所这边从DSU再接到路由器的入口。在当时，64千位/秒专线已经是高速了，在我们的家庭上网带宽都以兆（M）来衡量的今天，短短20年真是恍如隔世啊。这之前北京只有8家单位使用64千位/秒数据专线，主要是外国在华机构用于国际长途电话和传真，所以当时即使电信局的工程师们也从未接触过计算机互联网，他们听说高能所的专线将直接用于全球计算机联网通讯，都感到惊奇和新鲜。

现任北京联通黄城根电话局局长的左磊，当时参与了这条专线的施工，他提供了一张当年技术人员在三元桥国际通信局楼顶施工时的合影，这张无意间的合影，成了这一重大历史事件的见证。施工完毕，研究人员兴高采烈，翘首以待。但意外的是，当这条专线横跨大洋到达北京后，信号却在离高能所还有一公里的地方消失了！无比沮丧的工程师们接下来就是漫长的检查和调试。对于这个谁都不曾接触过的新事物，而且中间环节复杂，技术要求高，技术人员反复调试了18个月，大家的信心都快没有了，就在准备放弃的时候，1993年3月2日（北京时间），这条线路神奇地畅

中科院高能所国际数据专线施工人员在国际电信大楼楼顶合影

通了！中美双方科学家翘首以盼的计算机远程联网终于实现了！

现任北京联通网管中心网络分析调度经理的杨利刚，曾参与了这条专线的施工调试，据他回忆，因为当时谁也没接触过国际计算机通信网络，也不知整条线路上具体是哪个环节或参数出的问题。电信局为解决很多具体的技术细节，还请邮电部传输研究所成立了科研小组，专门设计研制了一种网络适配器，用在五棵松局与高能所之间的设备接口匹配上，这条计算机互联网专线才真正连通，可能这是上天对大家耐心的考验吧。线路畅通后，双方科学家立即挂断了长途电话，改用计算机对话。

好事多磨，中国这边庆祝会还没开，美国政府第二天就知道了消息，立刻通知有关部门关掉通往中国的线路。理由很简单，冷战虽然结束，但还没有一个社会主义国家进入Internet。美国政府担忧中国会从Internet上大量获取美国的资讯和科技情报。为此，双方在开通通信服务后，第一周时间其实是不通的，也就是说，虽然连通了美国，但对方没有应答。

好在参与合作计划的40多位美国科学家坚持要求美国政府开通。在此压力下，过了一周，美国同意有控制地对中国开放Internet，还发来一些文件，对网络安全问题向中国作了详细的规定，并要求中方签字保证。尽管如此，高能所还是从此基本告别了高昂的国际长途电话对话。

直到1994年4月20日，经过政府间谈判，美国政府允许中国大陆正式接入

中国第一批接入互联网的1000多名科学家名单

Internet，中国成为世界上具有完全功能互联网的第77个国家，从此高能所换用Cisco路由器，从真正意义上运行TCP/IP协议，实现Internet全线开通。

为弥补网络维护经费的不足，许榕生等人找到国家自然科学基金委员会，寻求资金上的支持。基金委领导对此很重视，很快，自然科学基金与天元数学基金共同为高能所拨款30万元，但同时开列出1000多名基金项目负责人和重要研究骨干的名单，要求为这些科学家开通拨号终端服务，通过高能所使用电子邮件。为此，高能所向电话局申请了15条电话线，这1000多名科学家因此成为中国第一批互联网个人用户，高能所也可以说是中国最早的"ISP"（网络服务商）了。如今这些科学家的名单就保存在北京通信电信博物馆，是由许榕生博士一直保存到2008年向博物馆提供的。

高能物理所计算机国际联网的专线的开通，不但使中国进入Internet开了先河，而且立即产生了巨大的应用效果。它推进了多项高能物理研究的国际合作，而且大量的实验数据也不用派人来回背磁带了，中国学者像唐僧取经那样从国外背资料的时代从此结束了。高能所还为当时的国家科委、电子部、中科院等重要单位提供了网络"嫁接"，分享国际联网线路。

此时，Internet最重要的一项应用——WWW技术，即World-Wide-Web网站和网页技术（现在翻译为"万维网"）正在向中国走来。在许榕生的积极推动下，高能物理所建立WWW网站的氛围日趋浓厚。1994年5月，高能所使用Linux操作系统，建立了域名为www.ihep.ac.cn的网站，从此中国第一台WWW服务器就在高能物理所运行起来。这张中国第一套网页的设计者名叫樊岚，当时是高能所计算中心的一位实习女生，她也成为这个网站最早的系统管理员。全套网页中只有一张图片，画面是北京正负电子对撞机的邮票图案。此后建立的China Window（中国之窗）网站引起全球网民的关注，"中国之窗"成为在互联网上展示中国的一扇窗口，成为我国第一个对外信息发布平台。网站内容除介绍我国高科技发展外，还包括新闻、经济、商贸等广泛的图文并茂的各类信息，深受世界各国读者的欢迎，成为国外了解我国信息的主要站点。海外媒体曾经评价，中国高能所建立的第一条64千位/秒专线接通国际互联网的意义，不亚于20世纪初詹天佑建立了中国第一条铁路。的确，对于这个信息日益高速化的社会，信息高速公路的畅通无阻是首要条件。

中国第一套网页及"中国之窗"首页

陈列在博物馆中的中国第一台WWW服务器

2008年北京奥运会前夕，在得知北京通信电信博物馆正在筹建新馆、征集史料和文物的消息后，许榕生教授把早已退役、由自己保存的中国第一台WWW服务器及相关网络设备，包括当时的重要文献全部无偿提供给博物馆展出。现在，它们正在展厅中为人们"讲述"那段不平常的历史。

第四动线 | 登上通信前沿的快车 |

当你得意地拿着最新上市的3G智能手机,在信息高速公路上飞奔的时候,4G的广告竟然铺天盖地砸来:"这是新的开始,即将来到身边,它让速度跟得上想象……领先一步,和你期待。"你只有无奈,只能按捺:这辆通信的快车没有最快,只有更快!

什么是数字通信？

当今世界，是一个"数字化"的时代。电视，要数字的，尽管数字电视节目还不普及；手机，当然是数字的，因为非数字的时代早已远去了；相机，要数码的，也就是数字的；甚至微波炉、洗衣机、空调，这些也是数字控制的。最早实现数字化的除了电子计算机可能就是通信了。早在20世纪70年代末，北京电话网的局间中继线路已经开始使用数字设备，随着程控数字电话交换机的开通，数字通信占据了核心地位，现在的通信领域，可以说早已是全数字时代了。那么究竟什么是数字通信呢？

电信就是用电来传递信息，电信号分为"模拟信号"和"数字信号"两种。所谓模拟信号，就是指连续不断变化的信号，比如我们说话的一段声音，在时间上不间断，在声音的强度上也是连续变化的。而数字信号是离散的、编码化的一串数码流，不但在时间上间断，在幅值上也是只能取有限的个数。比如我们最常见的二进制代码，只有1和0两种数字，也就是电路中的一串或有（即1）或无（即0）的电脉冲,这串脉冲按照事先约定的编码方案，形成不同组合，从而代表各种复杂的信息。简单地说，传递这种编码化数字信号的通信方式就是数字通信。

模拟信号很容易受外界干扰，导致信号中掺杂进噪声，当信号衰减时需要放大，那么噪声也一起被放大了，多次放大以后，噪声积累，信号就会严重失真。而数字信号即使被干扰，只要基本的码型还在，就可以很方便地"再生"，滤除干扰，消除噪声积累，因此不管传输多么长的距离，信号依然是

"纯净"的，不会失真。而且数字信号可与计算机（计算机内部都是数码化的）很好地结合，方便处理、存储和交换，也便于实现多种业务的综合传输，还可以让通信设备小型化、集成化。

把模拟信号转化成数字信号的过程叫"模/数转换"（也写作A/D），这个过程要经过抽样、量化、编码三个步骤，这个技术称为脉冲编码调制（PCM），它是数字通信的基石。于是一段连续的语音就被通信设备转化为一串长长的脉冲流，或者叫数码流，在通信系统中被处理、传送、交换、存储等，在接收端，再通过"数/模转换"（D/A）还原为原来的那段声音。这就是数字通信的最基本原理，当然，这其中相当复杂，仅仅一个最基础的"PCM原理"就可以写成一本厚厚的教材。

在通信领域中，还有一个名词叫"数据通信"，很容易和数字通信搞混淆，其实它们完全是两回事。数字通信是从技术层面来说的，它是通信设备内部对信号处理的手段；而数据通信是从业务层面来说的，是一类以传递数据为目的的通信业务的总称，比如数字数据网、互联网、帧中继、分组交换等都是数据通信，它区别于传统的语音通信或图像通信业务。

走进现代电话局

从本书的开篇起，我们已经无数次地说到了电话交换机，交换机究竟有什么作用呢？我们知道，电话的方便之处就在于接入电话网的任意两部电话机都可以互相通话（程控电话，可以实现三方或更多方通话）。那么电话机之间，如果仅仅靠线路的连接是有局限的，例如两部电话之间通话需要一对线，那么4部电话之间做到两两通话就需要6对线，5部电话之间两两通话就需要10对线……n部电话就需要n(n-1)/2对线，如果成千上万的电话用户互相通话仅靠线路的简单连接是不经济的，也是不现实的。为了实现任意两个电话机之间的通话，必须依靠交换机转接，因此交换机是电话网的核心设备。北京的电话交换机也是经历了从人工交换过渡到半自动交换再到自动交换的发展过程。

一个现代的典型电话局所究竟要包含哪些内容，分为哪些"工作室"呢？毕竟能到电话局内实地参观的普通读者属于少数，为了得到答案，我们在博物馆进行了展示。

电缆间：电缆间一般在地下。这里是一个电话局所有电话线进出的总门户，在电缆间里，密布排列着粗细不同的电缆，电缆的一边连着局内测量室，另一边通向局外连接着电话用户。电缆间还有一个重要作用，就是给电缆充气，这是电缆维护的重要手段。这些电缆都要在充气机的作用下保持内部一定的气压，避免进水造成通话障碍。

测量室：测量室是市话通信中的一个重要部门，是局外线路与局内机房连接的枢纽，它的主要功能有：1.受理客户障碍申告；2.通过人工或自动测试的方式对客户机线主动进行测试，发现问题及时派修；3.配合装机、拆机、移机，调整配线区的工作，配合营业部门的改名、过户、换号等；4.配合测试中继线和专线。

测量室内的主要设备是总配线架和测量台。总配线架是沟通电话交换机与电话用户的中间环节，可以将交换机用户端口与外部线路灵活跳接。每个电话用户在配线架上都有固定位置，测量台的作用是接受用户障碍申告，测试机线设备。现在电话局的测量室已经实现用户资料微机管理，自动受理用户申告。测量室的用户数据库记录着每个用户的启用时间、电话号码、用户名称、地址、机种机位、线路电阻、环路电阻、局内配线位置、障碍现象、修复情况、障碍时间等，是各用户电话的机密档案。

电话局的地下电缆室

电话局测量室中的总配线架

面对错综复杂的电缆和用户线路，电话局的线务员是如何迅速找到某部电话的具体位置呢？这就要依靠配线表了。在电话线路专用术语里，每400对电缆称为1个配线区，1张配线表就是1个配线区，可以容纳100部电话。配线表的纵列代表电话号码，横列代表分电盒的分布，这样这100部电话具体在哪个配线区的哪个分电盒就很清晰了。

博物馆内现代电话局模型

交换机房：这里是电话局的核心，所有通话都是在交换机房完成交换的。程控交换机是数字存储程序控制交换机的简称，它完全由电脑程序进行控制。与之前说到的人工和机电制交换机最本质的不同在于使用全数字信号，不会再像模拟信号那样衰耗和失真严重。程控交换机还可以承载很多附加业务，实现很多功能，同时计费也变得很方便。程控交换机的核心是"数字交换网"，数字交换用的是"时分多路复用方式"的时隙交换，利用计算机处理器对话音信号进行存储和读取的方式来接续。因此在程控交换机中，我们再也见不到机电交换机中的接线器了，取而代之的是各种电子元器件和集成电路，因此没有机电制交换机的噪音。程控交换机还有庞大的控制电路和复杂的外围辅助设备，比如中继电路、计费设备、维护终端等。

传输室：一个电话网由很多电话局组成，各个电话局之间的相互连接传送信号的线路叫中继线。传输设备就是交换机与中继线之间接口，负责光信号与电信号的互相转换，把本局要向外发送的各路信号"集中"起来（术语叫"复用"），送到光缆上发到对方局；同时接收对方局送来的光信号，转换成电信号送到交换机去处理。如果两部电话分属不同的电话局，互相通话就需要通过传输室的中继线来完成。

电力室和配电室：电话局内的通信设备是一刻也不能断电的，哪怕掉电一秒钟，那都是相当严重的事故。可以说，任何一个通信局所中的设备，从安装开通那一天起，直到退网淘汰，就一直在工作着。这一切都是在通信电源的支持下进行的，可以说电力室是电话局的动力中心。通信设备一般都是用直流供电，现在通常使用的工作电压是直流48伏，为此要把我们日常使用的市电（交流380伏或220伏）通过整流器变成直流电，这也是电力室的核心任务。直流电的供应从最初的蓄电瓶、直流发电机、硒堆整流器直到20世纪60年代以后，陆续改为可控硅（晶闸管）整流器，现在已经全部使用高频开关电源为通信设备供电了。体积逐渐减小，操作日益方便，性能越来越稳定。为了保证在市电停电时，通信设备也能不间断稳定运行，我们的电源是双路供电系统并且配有大容量的蓄电池组来支撑临时供电，另外每个电话局都有油机发电机作为备用电源。

程控电话交换机房

电话局传输机房

电话局中的备用电源——大型蓄电池组

一个电话局的基本组成就是这样，我们打一个电话很轻松，可能不会想到有这么多的机器、人员和部门在为保障电话正常通话而工作着。如果是长途电话，那牵动的东西就更多了。

光纤到你家

　　光纤，就是光导纤维，它已经逐渐取代了金属导线而成为目前通信系统中最重要的信息传输媒质。光纤是能传导光的透明玻璃丝，主要成分是二氧化硅，与我们最常见的沙子成分一样。单股光纤细如发丝，直径只有100多微米，外面包着可以反射光线的包层，这样即使光纤弯曲也能传导光线。多股光纤组合在一起，并增加钢线（用来提高强度）和防护层后，就是光缆。

　　光纤传送的不再是电信号，而是光信号。我们肉眼能看到的光线有红、橙、黄、绿、蓝、靛、紫等颜色，那么光纤传送的也是这种五颜六色的光吗？根据光纤的导光特性，光纤通信使用的都是红外区的激光，并不是我们眼睛能看到的可见光。这种光由专用的激光二极管产生，频率稳定单一。这种光虽然看不见，但你如果有机会（随着光纤入户，这种机会会越来越多的）接触光缆设备时，不要用眼睛正对着还在运行的光纤横截面或光端接口，那同样是会伤害眼睛的。

　　光纤与金属导线相比有无可比拟的优点。首先光波的频率极高，频带范围比电信号宽得多，因此通信容量巨大。目前日新月异的"复用技术"（1条物理通路同时传送多路信号）已经能让光纤实现了3.28太位/秒(Tbit/s)的传输速率（即每秒钟传送3.28×10^{12}个二进制码）。这到底有多快可能你没有感觉，我们举例来说，以这个速率，一对细如发丝的光纤，可以在0.3秒内将300多年来《泰晤士报》的全部内容传送到世界任何一个角落，或者同时传送33万路电视节目，或者供3900万对电话用户同时通话！如果把光纤比作国家级高速公路，那么普通

光导纤维

电话线可能连蜘蛛丝都算不上了。光纤通信的第二大优点是线路损耗低，传输距离远，在理论上，光纤可以把信号输送数万公里而中间不用安装放大器；光纤通信的抗干扰能力相当强，不怕电磁干扰，也不怕外界强光干扰；光纤制造原料广泛，满地的沙子就是光纤的原料，与电缆相比可以节约大量有色金属；光纤还有重量轻、保密性好等优点。它的最大缺点是强度低，不禁拉伸，而且怕折弯，尤其是折成小角度的"死弯"，这对光纤来说是致命的。还有接续也比较难，专业人员用专门的光纤熔接仪器才能把两根光纤熔接在一起。

我国从20世纪90年代起，开始在长途通信网中建设光缆干线，淘汰电缆。短短20多年，光纤已经从昔日的"国家级高速公路"普及到了家庭中，北京联通正在大力推进"光进铜退"工程，就是光纤入户，淘汰原有铜缆，从而实现宽带化、智能化的信息传输。在电话局内，"光交换机"正在取代传统的程控交换机，一个"全光网络"的时代很快就会到来。

迈进互联网时代

1974年，美国人卡恩和温·瑟夫合作设计了计算机联网领域的TCP/IP协议。这个协议具有划时代的意义，它规定了计算机之间联网的基本要求，并规定了计算机的IP地址要求，经过不断完善，已经成为全球通用的唯一计算机网络互联标准。

20世纪90年代北京电报局发行的163拨号上网卡

早期拨号上网使用56K调制解调器

中国在20世纪80年代开始，陆续以各种方式接入国际计算机网络，当时使用计算机网络的一般都是科研部门。1994年4月，中国大陆正式加入国际计算机互联网。1995年，中国开始筹建由电信部门经营的中国公用计算机互联网（CHINANET）全国骨干网，1996年1月建成开通，向公众提供服务，普通公众从此真正接触到了传说中的Internet。北京的国际互联网核心机房和总出口设在北京电报局（北京电报大楼）。最初的服务方式为注册用户方式，启用"163"作为接入号码，当时通过

互联网网管中心　　　　　互联网业务开通后，学生在电报大楼体验上网

64Kbps调制解调器以电话拨号方式接入互联网，上网的人也被称为"网民"。先后有大量互联网接入服务商（ISP）应运而生，老一辈网民可能都还记得"瀛海威时空"、"263首都在线"、"2911畅捷通信"等一大批ISP的名字，他们一般是采用电话拨号方式直接接入互联网，通过电脑上的调制解调器拨叫ISP的接入号码，上网费计在电话费中，或另外购买ISP发行的密码记账式上网卡，不过还要另外缴纳相应时长的市话通话费。同时中国的互联网内容提供商（ICP）也爆发式涌现，比如新浪、搜狐、网易等等大型门户网站都是在那之后迅速崛起的，给人们提供了日益丰富的网上应用内容。

　　调制解调器的英文MODEM，被网民亲切地称为"猫"。那时候，不但上网速率很慢，一般是64Kbps或128Kbps，网费很高，还经常掉线，而且上网时不能打电话。尽管这样，刚刚接触网络的第一代网民们依然乐此不疲，互联网向人们打开了一扇无比新奇的大门。那时，上网被时髦地称为"网上冲浪"，从这个现在听起来已经很原始而且略带幼稚、青涩的词语中，我们也能感受到当时人们面对互联网时那种惊叹与好奇。听着自己的"爱猫"在拨号时"嘀嘀嘀……咔咔……吱吱啦啦"的声音，看着闪烁的红灯，是一种无比惬意的享受。

　　大约在20世纪90年代初，著名的电脑公司SUN公司曾提出一句广告语——

"网络就是计算机",包括笔者在内,当时很多人并不能理解这句概念超前的广告语。当时中国的计算机虽然已经有了相当程度的普及,很多中小学也已经开设了计算机课程或计算机兴趣小组,家用电脑正在呈指数趋势增长,但各个计算机还处于"单打独斗"的初级阶段,机关单位里的电脑主要用于打字、制表,家庭电脑主要用于玩游戏和打字。人们对计算机通信与计算机网络的认识还很肤浅,想不到短短的10年后,互联网就已成为人们必不可少的生活依赖。此时我们回头再看"网络就是计算机"这句话,不免感慨良多。的确,计算机的优势在于网络,正是网络,把全世界数以亿计的计算机连接在一起。我们打开计算机,接入互联网,那么我们面对的就不再是自己桌上孤独的一台PC,而是全世界的计算机,我们可以通过小小的屏幕窗口,做我们想做的一切事情。

计算机互联网技术及应用在20世纪末21世纪初呈现了爆炸式的发展,从窄带到宽带,从电缆到光纤,从有线到无线,从电脑到智能手机,现在我们的世界可以说是互联网的世界,我们的生活已经处处渗透着互联网。网上购物、网上医疗、网上教学、网上娱乐、网上直播、网上办公、网上报名等等等等,而且网络技术应用还在不断地被推广、被创新。对于一个都市人来说,一天不出行完全可以接受,但一天离开网络,就会感到没着没落;十天不上网,就可能严重影响生活;有人说如果一个月不上网,不会疯掉就会傻掉。这虽然有所夸张,但可以看出人们对互联网的依赖到了何种程度。

北京市统计局的数字显示,2001年,刚刚起步的北京宽带上网用户只有7200户,2005年发展到228.9万户,2012年已经达到572万户。

以互联网为依托的论坛、博客、微博、微信等等已经渗透到我们生活的方方面面,互联网成为人们获取信息和展示自我的第一媒体。但是,这也给一些不法分子提供了可乘之机,网络诈骗、网络陷阱、病毒传播、黑客攻击、窃取信息、造谣惑众、恶意诽谤等等层出不穷,互联网安全问题成为世界各国公安部门的新课题。我们在尽情享用互联网带给我们的快乐和便捷时,也要提高警惕,不但要在技术上维护自己的安全,更要注意分辨互联网上的大量有害信息,面对所谓"文化快餐",构筑心理防线,不要随波逐流,受人利用。

据有关方面统计,截至2012年6月,手机已经成为中国网民的"第一上网终

北京联通互联网数据中心（IDC）机房，这里担负着成千上万用户网络服务器的托管业务

端"，我国手机网民达到3.88亿，超过3.80亿人的电脑上网用户，这表明移动互联网已经成为上网的主流。中国互联网络信息中心（CNNIC）的《第33次中国互联网络发展状况统计报告》显示，截至2013年12月，我国网民规模达6.18亿，手机网民达到5亿，中国互联网普及率为45.8%。

十几年前还被网民们宠爱的"猫"，现在已经成为古董，静静地陈列在北京通信电信博物馆的展柜中，实在让人不能不感叹通信发展的迅速。

带宽与宽带

带宽与宽带是每一个网民都挂在嘴边不离口的常用词语，但有人可能还搞不清，我们来做一个最初级的普及。

带宽一词最初指的是电磁波频带的宽度，也就是信号的最高频率与最低频率的差值。目前，它被更广泛地借用在数字通信中，用来描述网络或线路理论上传输数据的最高速率。这并不是它的学术定义，而是被引申地使用了。

宽带是对传输速率达到某一标准的通信网络的泛称，它不是一个指标，而是一类网络的称呼。按带宽（其实叫速率更恰当）区分，通信网可分为窄带网和宽带网，对于宽带，目前并没有严格的标准，通常认为，凡是可提供速率超过2Mbps的都可以叫宽带（这个标准现已过时）。比如家中使用的ADSL上网方式（非对称数字用户线路），也是宽带网的一种。

那么上面提到的多少多少bps究竟是什么意思呢？在数字通信中，网络间传送的信号都是二进制的数字代码（0和1），1个二进制码就叫1比特（bit），1000个码就叫1kbit，1000kbit=1Mbit……而bps是速率单位，即比特/秒（bit/s）。那么2Mbps的意思就是每秒钟可以传送200万个二进制码。这是什么概念呢？举例说，以这个速率拷贝一部500MB的电影，需要半个小时。

网速无疑就是上网时的速率，它与带宽的差别在于，前者是上网时实际发生的速率，后者是这个通路理论上支持的最高速率。通信运营商提供的带宽一般是用bps来表示的，而具体到家里的网速很多人会有疑问：我家装的是2M的宽带，怎么实际下载的网速只有230K？差得太远了，宽带缩水！骗人！如果你有这样的疑问，实在是太冤枉运营商了。要知道此"网速"非彼"带宽"，你混淆了下载速率与带宽的区别，其实它们的单位并不是一个。

运营商提供的带宽单位是bit/s（比特/秒），而电脑显示的下载网速单位是Byte/s（字节/秒），也简写为Bps或B/s，千万注意，这里一个大小写的区别表示不同的单位。在计算机中规定，1Byte=8bit，于是实际下载的最高网速要用运营商提供的带宽除以8！那么2Mbps的宽带所能提供的最大下载网速是250KB/s，这不是与你实际看到的网速差不多了么？造成这种混淆的原因在于，计算机领域内一般是以字节作为计量二进制码的单位，而在通信领域一般是以比特计量二进制码。再加上我们平时为了省事，都把具体的速率单位省略了，只说多少多少M、多少多少K，却忽略了单位之间的根本差别。另外在实际上网中也未必能100%达到运营商标称的带宽，这是因为网速受很多因素的制约，比如组网模式、网络拥挤程度、对方网站可支持的下载速率等等。这就好像一条设计时速为200公里的高速公路摆在那儿，但并不是这条路上每辆车都能跑200公里/小时。

Wi-Fi走进生活

Wi-Fi，这个古怪的字母组合，对你来说可能既熟悉又陌生。熟悉的是，当你拿出手机，打开笔记本电脑，可能就冒出这个字眼，报纸上、杂志上也常常出现，或许你现在天天都在使用它，已经像吃饭喝水一样离不开它。陌生的是，这个Wi-Fi究竟是什么东西，你未必能说出个所以然来，甚至有人还不知它究竟该怎么读。

其实，Wi-Fi是无线局域网（WLAN）的一种通信方式，它允许电子设备使用无线电波交换数据，同时它也是一种商业认证标志。不过现在很多人已经把Wi-Fi与WLAN视为同一物了。

早在1977年，澳大利亚天文学家发现一项提高射电天文图像清晰度的技术，谁也没想到这项技术多年后被采纳为Wi-Fi的基础技术之一，因此Wi-Fi被澳大利亚人视为自己国家的骄傲。Wi-Fi是一种无线通信技术的商业名称，它的原名是"IEEE 802.11"。IEEE是"美国电气和电子工程师协会"的英文缩写，它下设若干个委员会，其中的IEEE 802委员会，专门负责制定局域网及城域网的技术标准，涉及Wi-Fi的，就是IEEE 802.11系列标准。1997年，IEEE 802.11标准诞生，规定无线设备之间以2Mbit/s的最大速率传输数据。随着技术的发展，IEEE 802.11更新出很多版本，比如IEEE 802.11a、IEEE 802.11b……一直到眼下最新的IEEE 802.11ad，传输速率达到7GMbit/s，也就是说拷贝一部500MB的电影，只需0.6秒即可完毕。

1999年，在美国成立了一个叫做"无线以太网兼容性联盟"（WECA）的组织，专门负责对不同厂商生产的无线局域网设备之间的互通性进行认证，发给证书，从而他们的产品上可以贴有认证标志，表示可以互通（就像我们银行卡上的"银联"标志）。这个组织也觉得"IEEE802.11b"

Wi-Fi专用标志

一类的名字太专业、太复杂，就请一家咨询公司给这个新技术起一个好记的名字，于是就发明了Wi-Fi这个词，而且设计了Wi-Fi专用标志。Wi-Fi是Wireless Fidelity的缩写，意思是"无线保真"。如果你是个音响发烧友的话，一定感觉到这个词与你最熟悉的"Hi-Fi"（高保真）简直是一对双胞胎。Wi-Fi究竟怎么读呢，按照陆谷孙主编的《英汉大词典》，读做[wai fai]，这也是我们通常的读音。2000年，WECA索性改名叫"Wi-Fi联盟"，Wi-Fi标志既是一种商业认证，也是一个技术商标，加印在联盟成员符合IEEE 802.11系列相关标准的产品上。

现在，Wi-Fi网络给我们的生活带来极大的方便。无论是笔记本电脑、带无线网卡的台式电脑、游戏机、智能手机、平板电脑还是数字播放器，甚至新型的打印机、数码相机等设备，都能加入Wi-Fi网络。Wi-Fi，已经走进你我的生活。你家里的宽带或许早就用上无线路由器了吧，这样可以几台电脑同时上网，也不用再拖着累赘的网线，而且智能手机也可以分享家里的包月宽带网了。

站在4G的门槛上

对于移动电话,3G方兴未艾,4G已经高调袭来。

所谓3G(3rd Generation)、4G(4rd Generation),就是第三代、第四代移动通信技术的简称。当然,这只是一种概括性的说法,并不是一种具体技术的名称,而且在移动通信诞生后的很长时间里,也没有所谓"代"的概念。它的出现,只是随着移动通信技术的不断发展,人为划分的阶段而已。

移动电话的第一代是蜂窝移动通信系统,因为各个发射基站覆盖区域边缘重叠,形成一个个六边形的子区,酷似蜂房的架构,故名蜂窝移动通信系统。它属于模拟移动通信系统,也就是最早使用的"大哥大",现在被称为"1G"。

1994年,北京引进GSM(全球移动通信系统)数字蜂窝移动电话网,并定名为"全球通",此外还有CDMA(码分多址)方式的移动电话。现在都称之为第二代移动通信技术(2G)。2G的兴起迅速取代了1G,2001年12月31日,中国正式关闭了模拟移动电话网,1G时代完全结束,中国的移动通信进入全数字的2G时代。

2009年1月,国家正式发放3G的运营牌照。我国的3G由三种技术标准构成,它们是WCDMA(宽带码分多址)、CDMA2000、TD-CDMA(时分同步码分多址),分别属于中国联通、中国电信、中国移动三大电信运营商。其中WCDMA制式属于目前最成熟、应用最广泛的3G技术。后来,国际电信联盟又通过了一项新的技术标准——WiMax(微波访问全球互通),作为继上述三种标准之后的第四种全球3G标准。中国联通在WCDMA的基础上，分别推行了HSPA、HSPA+方式，使移动上网速率进一步提高，也被称为3.5G和3.75G。

2011年，北京全市的3G移动电话用户达到了464.7万户（北京市统计局数字，下同），占全部移动电话用户的18%；2012年3G用户上升到855.5万户，占全部移动电话用户的27%。全市平均每100个人中就有150多部手机！

与3G配合的智能手机不仅可以打电话、发短信，更是与互联网紧密结合，轻松实现手机上网、手机电视、手机音乐、手机游戏、可视电话等等功能，专为智能手机开发的各种应用程序异彩纷呈、层出不穷，让人目不暇接，一个小小的手机，已经远远超出了通信的基本功能。笔者记得上学时，老师曾以手机为例，让大家开动脑筋做"头脑风暴"游戏，设想出手机上可以实现的起码50种功能。短短十几年后，那些想象中的功能如今有一半已经实现了，还有不少当年没想到的功能也实现了。

就在3G来到我们身边短短四年后，2013年12月，国家向三大电信运营商发放了传说中的4G牌照，这标志着4G时代的正式来临。这次统一使用被称为TD-LTE（Time Division Long Term Evolution）的技术标准，翻译成中文是个很费解的名字——时分长期演进。

移动通信在短短的20多年时间内经历了四代更新，实现了质的飞跃，我们可以从应用角度这样简单描述它们的特点：

1G：打电话；

2G：打电话、发送文字、图片；

3G：传送视频，轻松上网；

4G：高速上网（数据下载能力达到100Mbps），视频实时传送。

目前我国的4G网络正在建设中，按照4G的下载速率，一部500MB的电影，不足1分钟即可下载完毕。在欣喜的同时，我们不免有些担心，如果仍按照现在以数据流量为单位的计费模式，4G会在转眼之间吸走我们的大把银子。站在4G时代的门槛上，真是"让我欢喜让我忧"。不过，比起3G来，从单位流量的角度来说，4G肯定是更便宜的，这是技术发展与市场竞争的结果。

未来是不是还有5G、6G……我们期待着。

置身云计算，问道物联网

在眼下的信息通信领域，如果问什么词语最热门，那么非"云计算"和"物联网"莫属。

云计算，一个富有诗意和浪漫色彩的词语，已经充斥在我们周围。"云存储"、"云数据"、"云游戏"……我们仿佛已经置身五里云雾之中，不知所云了。那么在信息通信领域，"云"究竟什么是意思呢？

前面曾经提到，20多年前，SUN电脑公司就推出"网络就是计算机"的口号，在那个计算机还在"单打独斗"的时代，这无疑是极具前瞻性的超前概念。其实计算机的无穷威力在于网络，正是现在越来越完善和强大的宽带网络，造就了计算机通信领域的"云"时代。

其实所谓"云"，完全可以理解为计算机和通信网络的别称，之所以用了这么富有诗意的字眼，是因为在通信领域，技术人员绘制计算机或通信网络示意图时，经常把复杂的网络概括地画成一朵云的形状。2006年8月，Google首席执行官埃里克·施密特首次提出"云计算"（Cloud Computing）的概念，从此"云"这一简单、形象而又富有诗意的词语便在全球弥漫开来。

云计算示意图

说得再通俗一些，云计算可以理解为资源共享。正如现在的供电方式，在发电机刚刚发明的时候，如果需要用电，就要自己买一套发电机装在家里，这不但需要付出高昂的购置费用，维护成本也很巨大，还有噪音和污染。有人很快意识到这中间的商机，就开始建立了发电厂，实行集中供电。需要用电时，只需要引一对电线，然后付给发电厂电费就可以了。这样既节省了资源，又提供了方便，供电商还获得了利润。现在人们意识到，"计算"其实也是一种资源，在宽带网络的支撑下，同样可以实现共享。因此很多大公司或政府部门开始建设云计算中心，其势头可谓风云迭起、风起云涌。2010年国家发改委将云计算确定为重点发展项目，并批准北京、上海、杭州、深圳、无锡为我国首批云计算五大示范城市。仅仅过了几年时间，各地的已建、在建或者将建的云计算基地中心如雨后春笋般涌现。

有了云计算，你不必再为家里的计算机配置庞大的硬盘，不必再花钱去购买单机版游戏，不必再买一堆硬盘和光盘存储你的资料并为它们的损坏而担心。只要有能接入"云"的宽带网络和终端，下载简单的客户端软件，即可享受云时代的便捷。你可以通过"云"租用高级计算机完成复杂的数据处理，通过"云"与游戏高手过招，通过"云"观看同步上映的电影，通过"云"备份你的重要资料……尽管你不知道游戏的对手身在何方，也不知道你的数据资料存储在北京还是武汉，正是"美人如花隔云端"、"只在此山中，云深不知处"，但这并不妨碍你的使用，你也不必要了解它们真实的物理位置，这就是云时代的特点。现在很多手机已经使用"云备份"的方式存储你的通讯录、备忘录、短消息等，即使手机损坏或丢失，也可以通过互联网随时找回自己的资料。

"云时代"的前提是强大的宽带网络，当年SUN公司的口号尽管正确，但之所以应者寥寥，是因为那时的通信网络还不能支撑口号所追求的目标，在技术上过于超前了。现在，"网络就是计算机"已经成为现实而不再是一句空洞的口号，与之相伴相生的还有一个"物联网"（Internet of Things：IOT）。

其实物联网与我们所熟悉的互联网、城域网、局域网等等具体的计算机网络不同，它并不是一张具体的、实在的网，而是一种实现人与物之间、计算机与物之间和物与物之间信息交换的方式。具体说就是把信息传感设备安装到各种真实物体上,实时采集数据或过程信息,通过互联网连接起来,达到远程控制或者实现物与物的直接通信,从而方便识别、管理和控制。信息传感设备包括各种传感器、RFID(射频识别)技术、NFC(近距无线通信)技术、GPS(全球定位系统)、红外感应器、激光扫描器、气体感应器等等。

其实物联网已经在我们周围,我们最熟悉的商品条形码、公交一卡通、高速路电子付费(EDI)等等,就已经是物联网的应用范围了。商品条形码通过激光扫描器感知商品的各种信息,公交一卡通和EDI系统是使用了RFID技术进行识别。

物联网用途非常广泛,遍及我们周围方方面面,可以说只要有物,就可以应用物联网技术。物联网使物品和服务功能都发生了质的飞跃,这些新的功能将给使用者带来高效、便利和安全。比如在农业养殖方面,传感器会把空气、土壤、温湿度等情况数据随时传送到互联网上,工作人员远程即可监控,或者由计算机自动实现智能调节;在智能交通方面,设于路边路口的监控探头随时把车流量数据传送管理中心,计算机会根据数据自动调节路口红绿灯的时间,疏导交通;在物流运输方面,所有物品都被安装有RFID芯片,每个环节都在监控之中,这样你可以通过互联网随时了解你的邮件所在位置甚至把物品照片发到你的眼前;在智能家居方面,你可以通过互联网随时控制家中的电器和设备,即使人不在家,也了如指掌;在个人健康方面,血压计、血糖仪等等医疗设备可以通过互联网把你的各项身体指标传送给社区医疗机构,不必出门即可接受医生的诊断和建议……

现在我们去超市购物,交款时收银员要逐一扫描商品条码,经常耽误很长时间,造成排队,未来所有商品装设了RFID芯片,交款时只要推着购物车从扫描器下经过,无论购多少商品,价格都会一次进入账单,然后掏出手机,应用NFC技术一刷即可付费。

通信网络的综合化是未来的发展方向,物联网将实现世界数字化和智能化。在物联网时代,每个物品都可以应用电子标签在网上得到联结,小到一枚打火机,大到一架飞机,通过物联网上都可以查找出它们的具体位置。

或许若干年后，植物、动物甚至人体本身也成为物联网的一部分，我们大胆设想一下，将来可能不再有身份证、户口本、纸质护照等等"身外之物"来证明自己的身份，而是从出生时起，身体中就被植入一枚芯片，作为

物联网的应用

身份识别的唯一标识，记录着人生中的各种信息，伴随终生，只有经过有权部门才能改写其中的信息。在遍及全球的GPS和各种监控设备下，寻找一个人不再是大海捞针，而是易如反掌。到那时，"冒名顶替"、"隐姓埋名"、"人间蒸发"都将是历史名词，这无疑对控制犯罪大有裨益……

说到这里，我们刚刚还沉浸在网络时代的喜悦似乎一扫而光，接踵而来有一种莫名的恐惧。是的，网络时代固然带给我们无限的方便和乐趣，但"道高一尺，魔高一丈"，网络安全一直是困扰人们的大问题。2013年6月3日，美国前中央情报局雇员斯诺登爆料出的"棱镜门"事件，让全世界哗然。"棱镜计划"显示，包括中国在内的全球计算机网络和通信信息都在美国的监控之中。2011年12月，我们身边也连续发生了几起让人触目惊心的网络泄露事件：12月21日，国内最大的程序员社区CSDN上600万个用户资料被公开；12月22日，人人网、开心网、嘟嘟牛等多个网站近5000万份用户信息被黑客公布；12月24日，天涯论坛900万个账户信息被泄露。我们使用手机上网时，我们网上聊天时，我们用网银消费时，可能并没有感觉网络安全的严峻性。其实在你不经意地点指之间，你的身份信息、你的语言风格、你的消费习惯、你的兴趣关注，可能已经被数据挖掘软件悄悄记录下来。对手对你相当了解，而你还不知对手身在何方，此时对手对你进行攻击或监控，已经不是什么难事。更可怕的是，当我们的实物或钱财丢失后，我们会很快发觉，而网上的信息被窃取，我们却

一无所知。可以说，只要你的计算机或手机登上网络，你就可能已经在不知不觉中成为一个透明人。科幻小说家阿西莫夫早在20世纪70年代就提出了"城市恐怖主义"的预言，现在看来并非耸人听闻。在网络时代，恐怖分子并不一定要蒙面持枪，而是躲在世界上任何一个你不知道的角落，通过敲击键盘，就可以让一座城市瘫痪。

当然，网络信息时代刚刚兴起，威胁与安全会在相当长的时期内反复斗争。网络信息安全也越来越引起人们的警惕和重视，在云计算和物联网的快速发展中，网络信息安全也引起了政府部门更多的关注。2014年，北京市政府将每年的4月29日定为"首都网络安全日"，倡导各界共同提高网络安全意识、承担网络安全责任、维护网络社会秩序。

网络毕竟是大势所趋，敢问路在何方？路在网上。

"火腿"一族

本书自始至终一直在谈国家的通信、官方的通信，其实在世界各地，一百多年来，一直活跃着另外一支无线电通信队伍，他们人数庞大，热情似火，协作无间，这就是享誉世界的业余无线电活动。笔者认为，北京通信电信博物馆中也应该有他们的位置。

业余无线电爱好者，简称"HAM"，这恰好是英语单词"火腿"，于是他们也自称为"火腿"一族。在中国，也有人根据音译自称为"蛤蟆"一族。为何将无线电爱好者称为"HAM"？据说远在业余无线电发明之初的1908年，美国哈佛大学有一个业余无线电社团，其成员为亚伯特·海曼（Elbert.S.Hyman）、巴伯·兹美（Bob Almay）和佩姬·莫瑞(Peggy Murray)。一开始，他们是用三个人的姓来作为电台的呼号，也就是：Hyman Almay Murray；后来觉得名字实在太长，把呼号拍发出去，手都酸了，于是又改为取用姓氏前面的两个字母，成为HYALMU。后来又简化为HAM。由于HAM的广泛影响，在无线电界当中，就以HAM来称呼业余无线电人员。

在无线电发明的初期，短波频段并不被看好，认为它没有多大实用价值，于是短波频段被划给了业余无线电使用。但是1921年的一个偶然事件却改变了短波在人们心目中的地位。那是意大利罗马郊区发生的一场火灾，一台只有几十瓦功率的业余电台在短波频段发出了求救信号，结果被远在千里之外的丹麦首都哥本哈根的业余电台收到。人们发现，几十瓦的短波电台，通信效果居然可以媲美发射功率数千瓦的长波电台，从此短波进入通信领域，获得快速发展。

由于短波频段已经划给业余无线电使用，而且短波设备简单，也适合业余电台，所以国际上通行的业余电台频段主要分布在短波范围内，当然，随着现在技术设备和需求的提高，业余频段已经分配到200吉赫兹以上，不过在那么高的频段上，几乎没人使用。

从最初的矿石收音机，到如今的数字车载移动电台，业余无线电爱好者们也在经历着一代代的技术更新。业余无线电爱好者是很特殊的"玩家"，一百多年来十分关注提倡高尚的精神和社会责任。尽管今天的世界在不断商业化和功利化，美国业余无线电爱好者保罗·赛加尔于1928年提出的"业余无线电守则"至今仍然是几乎所有各国业余无线电组织一致引用的座右铭。那就是：

体谅（Considerate）、忠诚（Loyal）、进取（Progressive）、友爱（Friendly）、适度（Balanced）、爱国（Patriotic）。

20世纪50年代法国拍摄了一部反映业余电台的电影，片名叫《Si tous les gars du monde》，中国译制为《四海之内皆兄弟》。这可能是世界上最早的描述业余电台的影片，据说是真人真事。影片的主要内容是：一艘海上渔船的船员们食用了变质的火腿引起食物中毒，危在旦夕，几个国家的业余电台得到消息后，展开了一场救助中毒船员的接力。在"没有比人的生命更宝贵"的呼声下，通过业余电台的信号传递，不同国籍、不同种族、不同意识形态，甚至互相敌对的国家以及残疾人、盲人都加入了救助的行列，最终使大海上的船员们脱险了。电影在我国上映后，曾感动了很多人，也更加鼓舞了业余电台的热情。但可惜1965年这部电影被批判为宣扬"阶级调和论"的坏电影，遭到禁播。

新中国成立前夕，中国已经有400多部业余电台。后来由于通信被高度政治化，电台更是成了极度敏感的东西，长期被曲解和禁止，提到电台，人们甚至不寒而栗。这里要特别提到鲁迅先生之子周海婴，他并没有继承父亲的文学道路，而是选择了毕生从事无线电相关工作，也是业余无线电圈里的一名老"火腿"。在周海婴等老一代业余无线电爱好者的不断强烈呼吁下，国家全面恢复开放了业余无线电活动。1992年12月，北京、上海、广州22名老业余无线电爱好者首批获准恢复自己的个人业余电台。沉默了几十年的中国民间业余电台的电波终于再一次冲上了天空。周海婴也是首批注册的22名老"火腿"之一，他的电台呼号为BA1CY。2011年周海婴先生去世，按照惯例，一个无线电呼号停止使用5年后，将被重新分配给他人。周老作为"火腿"名人，他的呼号BA1CY将被永久保存，以作为对他的纪念。

周海婴先生在操作业余电台

无线电频率是一种资源，并不是谁想占用就占用的，无线电的使用也有法律法规以及规范、常识。作为一项占用国家无线电资源的通讯活动，业余无线电爱好者要遵守国家相关法律法规、业余无线电操作规程，这些是成为一名真正"火腿"的根

中国无线电运动协会标志

本。而我们目前看到的很多汽车上"林立"的电台天线背后、正在操作无线电台设备的人，却并不都是真正的业余无线电爱好者"HAM"。也许因为不懂相关知识，仅仅通过朋友知道了电台设备，安装上就开始发射信号的使用者大有人在。而这些没有遵守法规的"电台使用者"目前也被社会大众"算作"了HAM，他们中的一些恶意捣乱者，在频率上进行恶意干扰、发射污言秽语，这正在败坏所有电台使用者的形象。这些非法使用无线电设备进行发射的电台，其使用者是根本不能被称为HAM的。

真正的HAM除了必须遵守国家无线电使用的相关法律法规及无线电活动相关法规进行活动外，还要具备以下"三证"：第一，具备"中国无线电运动协会"会员身份，取得"中国无线电运动协会会员证"；第二，经过无线电操作员资格考试，取得"业余无线电台操作证"；第三，经过国家无线电管理部门

2007年国际业余无线电远征队赴黄岩岛开展业余无线电活动

的设备检验,取得"电台执照",并获得全球唯一的无线电台呼号。在这个基础上,HAM要恪守"体谅、忠诚、进取、友爱、适度、爱国"六大准则,维护HAM群体的荣誉;不断地钻研无线电通讯技术,积极参与、开展无线电相关的活动,并且愿意将自己的知识与热心奉献给更多的HAM朋友,乃至社会。

即使在互联网、可视电话等等先进通信手段高度发达的今天,全世界每天仍有300万以上的业余电台在进行收听和联络,他们用语言或最原始的莫尔斯电码,传递着无线电知识,交流着彼此的信息。电台操作员们用自己特有的一套"Q语言"联络着,术语叫QSO,他们在频段上不断地搜索着其他业余电台。业余电台之间通过联络后互相寄送QSL卡也是一项活动内容,QSL卡是业余无线电台提供给他人的一种确认联络或收听的凭证卡片,有的电台专门收集世界各地业余电台的QSL卡。

业余电台活动是一种崇高的工作,HAM们不图报酬,凭着热情与信任,成为公众通信网的有力补充。比如在5·12汶川大地震中,当地通信设施被全面破坏,成都市业余无线电应急通讯网在地震后仅仅一分钟就启动了应急通信,数百名HAM参与其中,向外界报告灾情。可以说,汶川的灾情是业余电台最先发出的,在后来的组织救灾、安排调度等方面,业余电台也发挥了重要作用。在北京凤凰岭迷路山友救援中,业余无线电爱好者也是一呼百应,以自己的热心和互助精神,在无法依赖电信网络进行通信的特殊情况下,为社会提供通信保障力量。

捕捉"世纪幽灵"

一个幽灵，量子理论的幽灵，在世界上徘徊了一个多世纪，虽然人们至今也没有完全捕捉到它，却有很多科学家正在尝试驱动这个幽灵，为人们传递信息。

19世纪末，牛顿的经典力学、麦克斯韦的经典电磁理论、热力学的经典统计物理，似乎已经可以完全描述整个宇宙，人们觉得"一切尽在掌握中"，一座巍峨的物理学大厦即将封顶！然而此时，物理学家开尔文却不无忧虑地表示："（物理学）美丽而晴朗的天空却被两朵乌云笼罩了"。开尔文所说的

1927年的索尔维会议上集中了量子论和近代物理学的大师们

量子论的奠基人普朗克

爱因斯坦与玻尔——长达半个世纪的学术论战

"两朵乌云"，比喻的是当时两个实验的结果都与经典物理理论发生了尖锐的矛盾，用已知的理论无法解释。正是这两朵小小的乌云，在后来的物理学发展中，终于酿成了一场大风暴。在这两朵乌云中，分别诞生了相对论和量子力学，构成现代物理学的基石。

1900年12月14日，德国物理学家普朗克提出了"能量子"假说，这是一个大胆的新设想。那就是不再把能量看做连续的流，而是把能量看成"一份一份"的，这个"一份"是能量的最小单位，不能再分割。这个最小的能量单位称为"能量子"，简称为量子。普朗克没有想到，他宣读论文的这一天，被后世公认为量子力学的诞生日。

为了描述和解释奇怪的量子现象，在量子力学的创立过程中，物理学家们提出了一个又一个全新的理论，每一个新理论、新成就都显得惊世骇俗。在量子理论面前，我们早已习惯的、赖以生存的世界居然处处体现出量子化和随机性。尽管爱因斯坦是量子论的创始人之一，但他始终不愿相信量子论的种种"奇谈怪论"，他与老对手——量子力学的创始人、丹麦物理学家玻尔争论了半个世纪，而且对量子论的随机性说了一句著名的话："我相信上帝不会掷骰子"，玻尔曾回击说"别去指挥上帝怎么做"。量子论诞生一百多年了，现在已经有足够的证据证明，爱因斯坦错了，当代最著名的理论物理学家斯蒂芬·霍金无奈地说："上帝不但掷骰子，而且把骰子掷到我们看不到的地方去。"的确，量子理论的奇妙事情太多了，大多都是完全超出我们的思维和常识。正如玻尔所说："如果谁不为量子论感到困惑，那他就是没有理解量子论。"

在量子世界中，微观粒子有两种奇妙状态——叠加态和纠缠态。

在宏观世界中，物体的状态无疑都是确定的，非此即彼，比如抛一枚硬币，落地后不是正面就是反面，只

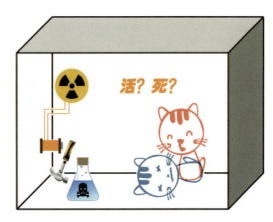

薛定谔的猫

要给出足够的初始条件，硬币在抛起的那一刻即可计算出落地的状态，这就是经典物理的确定性。然而在量子论中，却存在一种叠加态，如果有一枚"微观硬币"抛出后，在没有被观察（测量）之前，它处于正面和反面的叠加态，也就是说，它既是正面又是反面，这就是"量子硬币"与宏观硬币的本质区别。一旦被观察，由于测量行为本身影响了量子状态，"量子硬币"在你的眼中立即呈现出一个非正即反的确定状态。不要大惊小怪，不要以我们的常识去思考量子世界。读者可能还听说过一个"薛定谔猫"的事情，这就是瑞典物理学家薛定谔提出的一个著名的思想实验，它把微观的叠加态与宏观物体联系起来，得出一个死与活叠加态猫的不可思议结论。

以我们的常识，量子纠缠态更是难以接受，而它确是实现量子通信的基础。我们抛开高深繁琐的数学推导，简单地说，两个微观粒子（比如电子），经过某种相互作用，就会形成一种关联，当两个粒子向相反的方向飞去，不管它们距离多远，它们的"自旋"（电子的一种属性）总是呈现相反状态。在没有测量之前，它们的自旋是叠加态，既是向上又是向下，对其中一个粒子进行测量，将会得出一个确定状态。但此时另外一个粒子不管距离多远，也会瞬时"感应"到这种测量，从而确定一个相反的状态。这个过程像"心灵感应"一样，瞬时到达，几乎不需要时间。这种难分难解好像双胞胎一样的行为就是"量子纠缠"，起初这只是爱因斯坦向玻尔发难使用的假设，不想却被越来越清晰地证实了。

如果你觉得用电子来描述量子纠缠太难理解，那么我们再通俗一些。比如你从商店买了一双手套，现在把两只手套分别装在两个密封的盒子里，然后把它们分别寄给爱丽丝和鲍勃，如果爱丽丝打开盒子，发现里面的手套是左手的，此时不管鲍勃远在何方，不用打开盒子，他那只手套也确定了——一定是右手的。这个比喻只是宏观世界的"纠缠"，与量子纠缠有本质的不同，宏观手套的"纠缠"来自于最初封装时，是左是右已经被确定了，在快递途中是不会变化的，打开盒子查看只是一种验证。如果是一只"量子手套"，那么在测量之前是叠加态，既是左手也是右手，是测量的行为导致了叠加态的失效。量子纠缠这种明显违背经典物理的场景、如心灵感应一般的超距作用，爱因斯坦至死也不相信，他曾讥讽为"幽灵般的超距作用"。

在爱因斯坦之后，物理学家们逐渐验证了，在量子世界中，"幽灵般的超距作用" 真的存在，并且设计了一个又一个精巧的实验，大量的实验已经证明，爱因斯坦的确错了。

尽管至今科学家们也没有搞清楚量子纠缠的本质，但已经有人想到利用这种神秘的纠缠来传递信息。1993年，IBM公司的科学家贝奈特提出了"量子通信"的概念。量子通信是由量子态携带信息的通信方式，它利用光子等基本粒子的量子纠缠原理，实现保密通信过程。量子通信概念的提出，使爱因斯坦的"幽灵" ——量子纠缠开始发挥其真正的威力。在贝奈特提出量子通信概念以后，科学家们提出了利用经典信道与量子相结合的方法实现量子隐形传送的方案，即将某个粒子的未知量子态传送到另一个地方，把另一个粒子制备到该量子态上，而原来的粒子仍留在原处，这就是量子通信最初的基本方案。量子隐形传送不仅在物理学领域对人们认识与揭示自然界的神秘规律具有重要意义，而且可以用量子态作为信息载体，通过量子态的传送完成大容量信息的传输，实现原则上不可破译的量子保密通信。在理论上，量子通信可以实现超光速通信，而且超级环保，不会造成电磁污染，还可以实现面向浩瀚宇宙的超长距离通信。

1997年塞林格领导的奥地利国际研究小组在实验中实现了量子隐形传输，这是国际上首次在实验上成功地将一个量子态从甲地的光子传送到乙地的光子上。实验中传输的只是表达量子信息的"状态"，作为信息载体的光子本身并不被传输。2003年他们实现了横跨多瑙河的量子隐形传输。

量子信息技术目前是世界通信技术和物理学研究的热门前沿阵地，几乎每月都有新的进展，国际上的竞争异常激烈。在这一通信前沿领域，目前中国的成绩保持着世界领先地位。1999年中国科学院在中国科技大学创建了国内第一个从事量子信息研究的量子信息重点实验室，"量子通信与量子信息技术"也被列入国家"973"项目。中国科技大学的郭光灿及潘建伟等一批研究人员在这个领域辛勤耕耘和探索着。

2004年中国科技大学在北京与天津之间成功实现了125公里光纤的点对点量子密钥分配，解决了量子密码系统的稳定性问题。2005年中国科技大学与清华大学合作，在合肥创造了13公里的自由空间双向量子纠缠分发世界纪录，并验证了在外层空间与地球之间分发纠缠光子的可行性。2006年潘建伟小组实现了超过100公里的量子保密通信实验。2007年中国科技大学利用原北京网通公司的光纤网络，完成4个用户量子密码通信网络的测试运行。2007年中国科技大学与清华大学联合在北京八达岭长城与河北怀来之间架设长达16公里的自由空间量子信道，让量子通信跨越了长城。2009年5月在安徽芜湖建成包含8个用户的"量子政务网"，8月合肥建成"全通型量子通信网络"，各节点间距达到20公里，整个网络覆盖一个中型城市，被称为世界上首个城域量子通信网。2011年新华社与中国科技大学合作，使用北京联通公司提供的光纤网络，建成连接新华社新闻大厦与新华社金融信息交易所的"金融信息量子保密通信技术验证网"，成为世界上第一个金融信息领域的量子通信应用网络。2011年10月，潘建伟等人在青海湖成功实现了百公里量级的自由空间量子隐形传送和纠缠分发，为基于卫星的广域量子通信和大尺度量子力学原理检验奠定了技术基础。回首一百年前，内忧外患的中国还不知量子为何物，一百年后，我们在这个领域已经走在世界前列。

与量子通信相应的还有量子计算机和量子加密技术的研究，也是如火如荼，日新月异。未来的量子计算机不但存储能力惊人，运算速度更是传统计算机的几十亿倍，这样的运算速度，传统密码在量子计算机面前将无密可保。不过不要担心，与量子通信和量子计算机一起发展的还有量子加密技术，以量子随机性为原理的量子密钥，据称是无法破解的。不知用量子计算机去破解量子密码是什么结果，也许古老的寓言"以子之矛，陷子之盾"就将在未来上演。

量子论的直接应用——半导体与集成电路

量子理论的确费解,但是它离我们的生活并不遥远。环顾四周,半导体、集成电路、微电子技术、激光技术、光纤通信、数码相机、电子显微镜、核磁共振成像……都是应用量子技术而产生的,我们时刻都在与量子相伴。眼下全球经济的三分之一都是量子技术的产物。一百多年来的诺贝尔物理学奖,有90%的成果都与量子物理有关。人们虽然没有完全捕捉到这个"世纪幽灵",却正在驯服它为我们做出各种贡献。作为21世纪的人,我们应该对量子论有些了解。限于篇幅,我们不可能在这里做过多的解释,如果读者有兴趣,可以去阅读以下入门书籍:

《量子物理史话》(曹天元著,辽宁教育出版社);

《新量子世界》(安东尼•黑,沃尔斯特著,雷奕安译,湖南科学技术出版社);

《世纪幽灵——走近量子纠缠》(张天蓉著,中国科学技术大学出版社);

《量子通信技术与应用远景展望》(王廷尧编著,国防工业出版社)。

宇宙漂流瓶

还是童年的时候，在乡下老家，晴朗的夜晚，笔者总喜欢抬头观看璀璨的星空。直到现在，每当去郊外独自仰望浩渺的银河，仍然会有一种浓浓的、胜似乡愁、超过相思的苦闷与彷徨袭上心头。我们身在何方？将去向何地？茫茫宇宙中，我们是不是孤独的？

美国科幻电影《Contact》（中译版为《超时空接触》或《接触未来》）中有一句台词："如果宇宙中只有地球上有生物，那岂不是太浪费空间了？"这句幽默的台词，却道出了生命在宇宙中普遍存在的基本属性。不是吗，我们已知宇宙中的星系超过1000亿个，而每个星系都包含成百上千亿颗恒星。这些数以亿计的"太阳"散落在浩瀚的宇宙空间，仅仅从概率上说，具有地球一样能孕育生命环境的行星肯定存在，而且不会太少。有天文学家估算，仅我们银河系内存在智慧生物的行星就可能在200万～600万个以上！宇宙深处，一定存在我们的太空表亲，我们绝不是孤独的！

《超时空接触》电影海报，背景即美国甚大阵射电望远镜（VLA），在寻找地外文明中发挥过重要作用

沟通是人类的本能，人类一直渴望能寻找到外星生命，甚至与地外智慧生物建立起联系。那么，我们的宇宙兄弟，你在哪里呢？

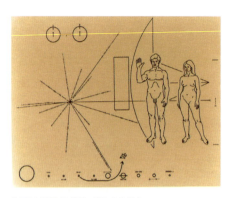

先驱者10号携带的"地球名片"

漂流瓶是人类历史上比较原始的通信工具，这是没有办法的办法。严格说，漂流瓶构不成一次通信过程，因为它只有发送者，没有确定的接收者。面对浩瀚的宇宙，漂流瓶这种原始的通信方式，在人类寻找地外智慧生物的过程中再次得到使用。先驱者10号太空探测器可以说是人类施放的第一个宇宙漂流瓶，它除了天文探测之外的一个神圣使命，就是希望寻找到外星智慧生物。带着美好的憧憬与希望，先驱者10号于1972年3月在美国发射升空，带着地球的信息，去寻找我们的宇宙兄弟。先驱者10号在太空飞行了14年才到达冥王星轨道，在完成太阳系行星探测任务后，先驱者10号义无反顾地踏上新的征程，奔向浩渺的星空。

2003年的1月，人类最后一次接收到先驱者10号发回的信号，其中已无任何遥测数据。那时先驱者10号距离地球122亿公里，从飞船发回的信号用了11小时20分才到达地球。此后，美国宇航局决定放弃与先驱者10号的联系。至此，我们的先驱者永远消失在人类的视野里，杳如黄鹤，真正像大海上的漂流瓶一样游弋在茫茫宇宙。虽然探测器已经进入了人类从来没有探索过的地方，但真正飞出太阳的引力范围还有相当长的路程。

先驱者10号携带着一张"地球名片"，试图向外星智慧生命传达人类的问候。"名片"是一块镀金铝牌，它不仅能反映出太阳系在银河系的位置和太阳系的主要成员，还画有先驱者10号探测器的外形、飞行轨迹以及男女地球人的外形简图。按照科学家的建议，名片上还画有氢原子的跃迁结构，因为氢是宇宙中最普通、最丰富的元素，只要外太空存在智慧生物，就一定能看懂氢元素的资料。对于男女地球人的裸体形象，当时备受争议，很多人认为这暴露了地球人的隐私，责骂美国宇航局向太空传播色情图片，也有人担心外星人会认为地球人是不穿衣服的——即使在开放的美国，毕竟那也是40多年前啊。

如果外星人获得这张"名片"，破译了"名片"上的内容，就有可能与地球人取得联系。这是一个多么美好的理想啊。不过也有人担心，外星人未必都是善意的，也许他们正在寻找侵略的对象，我们却把自己的位置和资料送上门去。事实上，各种担心可能都是多余，宇宙太大了，"先驱者"遇到外星人的机会太渺茫了，即使"先驱者"到达离太阳最近的恒星，也要几百万年以后。那时，太阳系早已不在现在的位置，人类的体型也许会变化得不可想象，或者我们早就离开地球搬到别的星球了。

旅行者1号太空探测器

在"先驱者"踏上征程之后，人类继续施放着宇宙漂流瓶，先驱者11号、旅行者1号、旅行者2号先后踏上太空探测和寻找地外文明的征程。其中旅行者1号携带着一张称为"地球之音"的镀金铜质唱片，可以保存10亿年。在这张镀金唱片上，录有当时的联合国秘书长瓦尔德海姆对外星生命的问候，还有世界55种语言的问候语、27首世界古今乐曲和35种自然界声响。其中有中国的广东粤语，还有一首中国的古琴曲——《流水》。俞伯牙与钟子期"高山流水遇知音"的故事绵延了2000多年，我们多么期待着能在外星文明的领地奏响《流水》的动人琴声。

但愿地球文明能够存续到梦想实现的那一天，倾听另一种智慧生物从宇宙的另一角落里发来感慨万千的回应。也有可能的是，正如大海上的漂流瓶，当被人拾起的时候，施放瓶子的人早已不在这个世界。或者在很久很久之后，太阳燃料即将烧尽，它会膨胀成一颗红巨星，并吞噬掉地球轨道，那时，地球上的一切，都将化为乌有，最终太阳也灰飞烟灭，成为宇宙尘埃，继续孕育新的开始。这些人类制造的探测器仍有可能还默默地漂流在无尽的宇宙群星中。它们将成为一种纪念——对地球上曾经存在过的智慧生命，对人类探索宇宙星空的不懈努力，对人类曾经渴望与太空表亲建立沟通的纪念。至少，当其他外星生物拦截到我们的探测器的时候，可以向他们证明，在银河系的外围，一个叫太阳系的行星系的第三颗蔚蓝色星球上，曾经存在过智慧生命，这些生命曾经多么渴望与他们沟通过。

向外星人问好

在试图与外星文明沟通的努力中，面对无垠的宇宙，漂流瓶的办法难免让人有些悲观。那么有没有比漂流瓶乐观的方法呢？毫无疑问，人们会想起无线电波这种宇宙中最快捷的信使。

早在1960年，美国康奈尔大学天文学家德拉克就开始实施了一项名叫"奥兹玛计划"的项目，这是一个被动收听地外文明之音的计划。"奥兹国"是童话故事《绿野仙踪》中的一个地名，那是一个奇异、遥远又难以到达的地方，在那里居住着一位"奥兹玛女王"。这个计划借用童话中的地名，表达了"寻找遥远的地外文明"的含义，目的是搜索外星智慧生物可能发出的无线电信号，这标志人类一项宏伟的"探索地外文明"（SETI）活动的开始。德拉克使用直径26米的射电望远镜，以波长21厘米的接收装置，监听鲸鱼座τ和波江座ε（中文名分别为天仓五和天苑四），这两颗星都在太阳系附近，并且似乎有适于生物居住的行星。4个月断断续续的观测，累积了超过150小时的资料，但没有发现可供辨识的信号，最终未获得任何成功的结果。虽然如此，这毕竟开创了人类寻找地外智慧生命的新纪元。

1967年，英国天文学家休伊什指导24岁的研究生约瑟琳·贝尔小姐做射电天文研究，严谨细心的贝尔在几百米长的射电记录纸条上，发现了一个周期为1.337秒的奇怪信号，这一消息引起极大的轰动。人们纷纷猜测：这是不是外星智慧生物发出的无线电信号呢？经过休伊什等人的继续探索和研究，陆续又在其他方向发现了多个类似的周期信号，而且所在的波段大致相同，这就是否定了外星生物的可能性，因为不可能在宇宙的多个角落有智慧生物同时发送同样的信号。这个发现后来被证实为一种新的天体——脉冲星，由于这个发现，休伊什与另一位科学家赖尔分享了1974年度诺贝尔物理学奖。而脉冲信号的第一发现者贝尔小姐却与奖金无缘，人们纷纷替她抱不平。

尽管这一发现与外星生物无关，大家难免有些失望，但无线电在探索地外智慧生物方面得到了越来越多的重视。在20世纪70年代，科学家们又进行了"奥兹玛"二期计划，对地球附近650多个恒星进行了监测，希望能接收到有内容的信号。然而除了宇宙的天然无线电噪音外，仍然一无所获。1977年，在俄亥俄州立大学，科学家们突然接收到了一个来自人马座方向持续72秒的强信号，命名为"WOW"信号，这让人们激动不已。可惜的是，科学家们后来多次寻找，这个神秘的WOW信号再也没有出现过第二次。尽管不能完全确认这就是外星人发出的信号，但这是迄今唯一被发现的最有可能来源于外星文明的信息，足以坚定人们继续探索下去的信心。

在奥兹玛计划之后，天文学家们启动了更先进的搜索计划，其中1985年美国哈佛大学和阿根廷进行了"米塔（META）计划"，使用800万个频道的接收机，其规模相当于1分钟完成100万个奥兹玛计划。另外1994年美国加州寻找地外文明研究所开始实施"凤凰计划"，搜索频道增加到5600万个，搜索目标为1000颗恒星，相当于1亿个奥兹玛计划。

微软公司的创始人之一保罗·艾伦捐资1350万美元，在美国加州建造"艾伦射电望远镜阵"（ATA），2007年一期工程建成42座望远镜，它第一个任务是对银河系的数十亿颗恒星进行扫描，然后对大约100万个恒星系统进行详细考察。但很遗憾，由于资金短缺，美国政府于2011年暂停了对这一项目的投入，导致计划停滞。2011年5月，世界最大的全自动射电望远镜加入寻找外星文明的行列，这是位于美国西弗吉尼亚州绿岸山区的格林班克射电望远镜（GBT），直径100米，有43层楼高。处理这个望远镜接收的海量数据，仅靠为数有限的天文学家们是忙不过来的，"众人拾柴火焰高"，现在天文学家已经发动全世界100多万名天文爱好者，通过互联网在家中即可帮助天文学家们处理分析这些信息。

除了被动地接收外星文明可能发出的信号外，天文学家也主动发出过无线

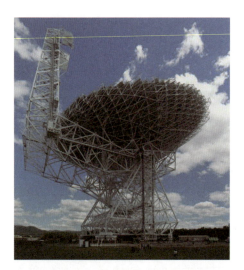

目前世界上最先进的格林班克射电望远镜（GBT），高大的体型显得雄伟壮观

坐落在山谷中的阿雷西博射电望远镜

电信号，试图与地外文明联系。这其中最著名的就是1974年11月，由直径306米的美国阿雷西博射电望远镜，向银河系中的M13球状星团发出的一组电文。阿雷西博望远镜的造型首屈一指，它建造在一个山谷中，利用山谷的天然下凹安装反射面，这也导致它无法转动跟踪。在007系列影片《黄金眼》中曾出现过它的场景。这组"阿雷西博电文"由1679个二进制数码组成，它可以巧妙地转换成图像，其中包含了构成人体主要元素的原子序数、人类脱氧核糖核酸（DNA）构造及其双螺旋形状、地球上人口总数、太阳系的组成、阿雷西博望远镜的天线形状等等信息。可能有人会担心，这是不是透露人类信息太多了，万一被有恶意的智慧生命接收到，不是自找灾祸吗？当你知道M13与我们的距离后，可能会放松一些。要知道这些信号需要飞行2.5万年才能到达M13，如果那里真有智慧生物的话，即使他们马上回电，人类也要耐心等待5万年才能收到。现在这些信号不过刚刚走了40年而已。

2008年6月，在位于北极圈内的挪威斯瓦尔巴群岛上，科学家们别出心裁地用了6个小时向距离地球42光年之外的大熊座47星发出了一组电波，内容竟然是百事公司的一款热销零食——多力多滋玉米脆片的广告，这与其说是科学活动，不如说是一次商业炒作。万一地外智慧生物接收到这则太空广告后，不知会作何感想。

2008年,美国宇航局为庆祝50周年华诞,向北极星方向发送了一首甲壳虫乐队的经典歌曲《穿越宇宙》,预计400年后达到那里。2009年,为纪念"阿雷西博电文"发送35周年,艺术家乔·戴维斯将一种植物酶的遗传代码发送到太空,这是地球生命最普通的一种蛋白质,从而代表地球上有生命。早在20世纪80年代,他就曾向两颗恒星发送过女性子宫收缩的图像,以此传达人类生殖繁衍的信息,但很快被美国空军关闭了。

2009年,澳大利亚的一家网站发起活动,向全世界征集"想对外星人说的话",挑选出一些对外星人的问候和祝愿,通过堪培拉的天文台发向天秤座的一颗恒星,预计在20年后到达。

半个多世纪以来的尝试,无论是严谨的科学探测,还是商业噱头或艺术行为,在寻找地外文明的过程中,人们至今还没有获得任何真正有价值的回应。尽管面向宇宙的各种无线电接收与发送设备昼夜不停地工作着,但天地之间依然一片寂静。

中国贵州正在建设中的FAST射电望远镜(效果图,引自国家天文台网站)

在中国贵州南部平塘县城近百公里外的克度镇金科村大窝凼，喀斯特山区的一个巨大洼坑中，正在进行一项耗资7亿元人民币的浩大工程，这就是被称为FAST的球面天线。FAST是"500米口径单体球面射电望远镜"的简称，它利用贵州天然的喀斯特洼坑作为台址，在洼坑内铺设数千块反射板，组成一个直径500米、约30个足球场大的高灵敏度巨型射电望远镜。FAST在2008年12月奠基，将于2016年建成。届时，它将成为世界上最大的单体射电望远镜，比前面提到的美国阿雷西博射电望远镜综合性能提高10倍。FAST建成后，除了重要的科研任务外，也将加入到搜寻外星人无线电信号的团队中，这是中国在深空通信领域的一项重要设施，同时也是对世界科学的重要贡献。我们希望随着FAST投入使用，会有新的奇迹出现。

头顶上的星空总是让人莫名感动，浮想联翩，但是超乎想象的距离又让人万般无奈和迷茫。面对无限的宇宙空间，仅仅依靠传统的通信手段可能一时难以奏效，需要另辟蹊径才能打破这无限空间的阻隔。"让遥远的不再遥远，让亲近的更加亲近"，这是通信所追求的永恒主题。随着通信手段的不断更新，我们的宇宙兄弟，也许很快就会出现，这是谁也说不准的，可能在明年，可能在明天，我们一起期待着。

参考文献

北京通信电信博物馆.北京通信电信博物馆展陈大纲.2008

北京通信电信博物馆.北京通信电信博物馆展品详目.2008

北京通信电信博物馆.北京通信电信博物馆讲解词.修订版.2012

北京电信史料编写组.北京电信大事记：1884—1988 [M].北京市电信管理局，1989

北京市地方志编纂委员会.北京志·电信志[M].北京：北京出版社，2004

北京市地方志编纂委员会.北京志·建筑志[M].北京：北京出版社，2004

北京市地方志编纂委员会.北京志·广播电视志[M].北京：北京出版社，2006

北京市电信管理局党委宣传部.北京电信科技之星：第二辑[M].北京：文津出版社，1995

北京无线通信局.北京无线通信局志：1976-1998[M]．北京：北京无线通信局，1999

陈芳烈，章燕翼.现代电信百科[M].2版.北京：电子工业出版社，2007

高学良.通信典故[M].北京：人民邮电出版社，1986

高星忠.电报传万家 [C]//昨天的开拓——北京市"新中国第一"征文选.北京：北京出版社，1994

郭光灿，高山.爱因斯坦的幽灵：量子纠缠[M].北京：北京理工大学出版社，2009

国家地震局.一九七六年唐山地震[M].北京：地震出版社，1982

华春.青少年应该知道的通信[M].北京：团结出版社，2009

金继元.北京通信发展的必由之路和强大动力[C]//激情岁月2：北京市通信公司离退休干部回忆录.北京市通信公司离退休管理部，2008

雷颐.李鸿章与晚清四十年[M].太原：山西人民出版社，2008年

刘树声，王双增，刘焕荣.微波电路建设岁月的回忆[C]//激情岁月2：北京市通信公司离退休干部回忆录.北京市通信公司离退休管理部，2008

罗宗贶.我的电信生涯[M].自印本.2009

马伯庸、阎乃川.触电的帝国：电报与中国近代史[M].杭州：浙江大学出版社，2012

彭润田.在领袖身边工作的日子[J].邮电文史通讯，1993（5-6）

钱钢.唐山大地震[M].北京：解放军文艺出版社，1986

孙藜.晚清电报及其传播观念[M].上海：上海书店出版社，2007

唐乃兴.通信的故事[M].济南：山东教育出版社，1983

天津电信史料编辑组.天津电信史料：第一辑[M].天津：天津市邮电管理局，1990

天津市地方志编修委员会.天津通志·邮电志[M].天津：天津社会科学院出版社，2002

童效勇，陈方.业余无线电通信[M].2版.北京：人民邮电出版社，2004

王庚训，徐楢.一条大神经的跃动 [C]//昨天的开拓——北京市"新中国第一"征文选.北京：北京出版社，1994

王里备.津沪电报线创建时应有临清局[J].邮电文史通讯，1993（4）

王廷尧.量子通信技术与应用远景展望[M].北京：国防工业出版社，2013

吴梯青.有关北洋时期电信事业的几件事[J].《文史资料选辑》（66）

王崇植，恽震.无线电与中国[M].上海：文瑞印书馆，1931（民国二十年）

吴基传.中国通信发展之路[M].北京：新华出版社，1997

吴基传.大跨越：中国电信业三十春秋 [M].北京：人民出版社，2008

吴为民.从远程终端到中国第一封电子邮件[C]//从远程终端到网格计算研讨会文集.北京：中科院高能物理所，2006

夏东元.盛宣怀传[M].上海：上海交通大学出版社，2007年

夏维奇.晚清电报建设与社会变迁 [M].北京：人民出版社，2012

邢家象：《新中国第一条国际长途线路工程的片断回忆》[J]，《邮电文史通讯》，1994（6）-1995（1）

徐祖哲.信息跨越：信息怎样改变社会与生活[M].北京：光明日报出版社，2002

许榕生.记高能物理所国际专线的建立与中国第一个Web服务器 [C]//从远程终端到网格计算

研讨会文集.北京：中科院高能物理所，2006

杨波，周亚宁.大话通信：通信基础知识读本[M].北京：人民邮电出版社，2011

叶霞珍.首创传呼公用电话 [C]//昨天的开拓——北京市"新中国第一"征文选.北京：北京出版社，1994

尹世泰."三世同堂"的北京电话 [C]//激情岁月2：北京市通信公司离退休干部回忆录.北京市通信公司离退休管理部，2008

邮电史编辑室.中国近代邮电史[M].北京：人民邮电出版社，1984

张天蓉.世纪幽灵：走近量子纠缠[M].合肥：中国科学技术大学出版社，2013

张有光，林国钧，柳海燕.通信技术基础[M].北京：机械工业出版社，2005

张颖.一波三折的首枚邮电徽 [J].集邮博览，2008（3）

张宪文.中华民国史：1-4卷[M].南京：南京大学出版社，2008

中共北京市委党史研究室.北京革命史话[M]，北京：北京出版社，1991

中国大百科全书编辑委员会.中国大百科全书：电子学与计算机Ⅰ—Ⅱ[M].北京，中国大百科全书出版社，1986

中国联通北京市分公司，人民邮电报社《通信企业管理》杂志社.北京通信百年百事：第3辑[C]，中国联通北京市分公司，2009

中国通信学会.中国通信学科史[M].北京：中国科学技术出版社，2010

中国邮电百科全书编委会.中国邮电百科全书·电信卷[M].北京：人民邮电出版社，1993

中国邮电百科全书编委会.中国邮电百科全书·综合卷[M].北京：人民邮电出版社，1995

中国网通北京市分公司，人民邮电报社《通信企业管理》杂志社.北京通信百年百事：1-2辑[C]，中国网通北京市分公司,2006-2008

"中央研究院"近代史研究所.海防档：丁：电线 [M].合订本.台北：艺文印书馆，1957

[美]Charles Petzold.编码：隐匿在计算机软件背后的语言[M].左飞，薛佟佟，译.北京：电子工业出版社，2010

[日]北电会.华北电电事业史[M].日文版.东京：电气通信协会，1975（昭和50年）

后记

钱穆先生在《国史大纲》的开篇言中深情写道：

当信任何一国之国民，尤其是自称知识在水平线以上之国民，对其本国已（以）往历史，应当略有所知。所谓对其本国已（以）往历史略有所知，尤必附随一种对其本国已（以）往历史之温情与敬意。

其实对于一个企业、一个行业而言又何尝不是如此呢？任何一个企业的员工都应该对自己企业甚至所处行业以往的历史略有所知，并抱着一种温情与敬意。而向企业员工与社会传达这种温情与敬意，正是企业博物馆应该承担的责任。

笔者在通信企业博物馆的工作时间并不长，但在求学时，就已身处邮电系统，那时除了接受通信专业知识教育外，很重要的学习内容还包括邮电行业行为规范和价值观的教育，所以从少年时起，就以能成为一名电信职工为荣。在毕业参加工作后，有幸被调入《北京志·电信志》编写组，成为这个组里最年轻的成员，与多位令人景仰的老专家、老前辈一起工作，受益匪浅，也对通信行业的历史有了深刻而理性的理解。进入企业博物馆工作以来，众多的文物、照片、老同志们的回忆资料，经常感动着我。有人说，历史是有生命的，只要你接近她，就能感受到她脉搏的跳动和血液的流淌。于是一份责任感油然而生，要努力为企业的历史保留下更多有价值的东西。值此之际，恰逢同心出版社编辑出版"纸上博物馆"系列丛书，为企业（行业）博物馆开拓更大的社会空间。这样的好事，求之不得，于是毫不犹豫地接下这个工作来，却不曾想见此后的难度。

编写一本书，要有自己的特色，虽然丛书名叫"纸上博物馆"，但绝不能把博物馆讲解词囫囵搬上就算了事，更不能编成企业的宣传画册，一定要写出博物馆背后更多、更深的东西，所以决定采用"史话"方式，以时间为经，以文物和

后记

照片为纬，演绎出一段段故事。笔者深深感觉到，事情都是由人干的，成绩都是由人取得的，通信行业的历史也是由无数有名或无名的人创造的。人的价值、人的精神，是事情背后最感动人的所在。为了避免以往类似作品中见事不见人、干巴巴罗列事件的弊端（这也是目前很多企业博物馆共同的弊病），本书注意了尽量突出事件背后人的作用和意义。

由于多在业余时间编写，加之公事私事缠身，以致拖拖拉拉，竟然弄了一年多。具体动笔过程中，写历史文章又与文学创作不同，要尊重史实，不可戏说，更不能编造，同时又要有可读性，虽然时时注意保持着这个出发点，但往往功力不济、力不从心。而且同一件事，在嘴上说可能滔滔不绝，一旦落实到笔端，就要核实每个细节，采访当事人，处理资料中的前后矛盾和空白点，含糊不得。在此要感谢出版社方面的耐心和编辑郭丽女士的大力支持，协助补写了书前导言、古代通信和书中大量空白点，使得文风亲切活泼，增色不少。

需要特别说明的，编撰本书时，参考了大量专家、前辈的著作和文章，但限于体例，不便一一随文作注，只好把参考文献一并列于书尾，谨致谢意。另外还参考了互联网上很多资料，在此一并致谢。特别是本企业与人民邮电报社《通信企业管理》杂志合作编写的《北京通信百年百事》1-3辑，对本书编撰起到重要线索作用，对刘淑敏、沈磊、王广珍、王瑛、王雅平、尚祚、姚传富等各位作者致谢，还要感谢编写过程中所采访的各位老前辈和专家给予的大力支持。比如伊世泰、徐祖哲、刘树声、赵金祥、余道富、章英等对书稿提出了细致的修改意见，还给笔者以热情鼓励。北京联通公司综合部及博物馆领导为本书的编写提供了种种便利和支持。北京联通公司汪世昌总经理、北京企业文博协会张凤朝会长为本书热情作序。

由于笔者在通信行业中资历尚浅、学力不济，难免有道听途说、理解不确之事，所记文字肯定讹误不少，希望得到业内人士、专家学者以及广大读者的指正。

邮箱 bjtxdxbwg2008@163.com

刘海波

于皇城根北平电话北局旧址

2014年4月

图书在版编目（CIP）数据

北京通信电信博物馆 / 刘海波，郭丽编著． -- 北京：同心出版社，2014.8
（纸上博物馆）
ISBN 978-7-5477-0636-7

Ⅰ．①北… Ⅱ．①刘… ②郭… Ⅲ．①通信-博物馆-介绍-北京市
Ⅳ．① TN91-282.1

中国版本图书馆 CIP 数据核字（2014）第 039407 号

北京通信电信博物馆

出版发行：	同心出版社
地　　址：	北京市东城区东单三条 8-16 号 东方广场东配楼四层
邮　　编：	100005
电　　话：	发行部：（010）65255876
	总编室：（010）65252135-8043
网　　址：	www.beijingtongxin.com
印　　刷：	北京京都六环印刷厂
经　　销：	各地新华书店
版　　次：	2014 年 8 月第 1 版
	2014 年 8 月第 1 次印刷
开　　本：	746 毫米 × 1000 毫米　1/16
印　　张：	17.25
字　　数：	260 千字
定　　价：	46.00 元

同心版图书，版权所有，侵权必究，未经许可，不得转载